黄河國家治理文獻集成（清代卷）第四十五册

《黄河國家治理文獻集成》編委會　編

總第六十一册

清代漢文朱批奏摺黄河治理資料輯録

（十）

董杰　姚亞菲　輯

內蒙古出版集團
內蒙古人民出版社

圖書在版編目（CIP）數據

清代漢文朱批奏摺黃河治理資料輯録．十 / 董杰，姚亞菲輯．-- 呼和浩特 ：內蒙古人民出版社，2025．8．（黃河國家治理文獻集成）．-- ISBN 978-7-204-16689-3

Ⅰ．TV882.1

中國國家版本館 CIP 數據核字第 2025GV7396 號

清代漢文朱批奏摺黃河治理資料輯録（十）

輯　　録　董　杰　姚亞菲
策劃編輯　王　瑶
責任編輯　王　瑶
裝幀設計　劉那日蘇　吉　雅　安立新
責任監印　包鐵柱
出版發行　內蒙古出版集團　內蒙古人民出版社
地　　址　呼和浩特市新城區中山東路 8 號波士名人國際 B 座 5 層
網　　址　http：//www.impph.cn
印　　刷　內蒙古愛信達教育印務有限責任公司
開　　本　880mm × 1230mm　1/16
印　　張　26.25
字　　數　320 千
版　　次　2025 年 8 月第 1 版
印　　次　2025 年 8 月第 1 次印刷
印　　數　1—1000 冊
書　　號　ISBN 978-7-204-16689-3
定　　價　220.00 元

編纂委員會

引言

千古河流成沃野，幾年沙勢自風湍。

得益于黄河冲積所帶來的疏松土質和有機物，中華先民利用石製工具開始了農業生産，并逐步發展出旱地粟作農業，『能够最大程度保障食物供給的穩定性，奠定了中華文明起源和形成的堅實基礎』〔一〕。而利用河水灌溉，提高區域可預測農業産量，『在産業史上起着最有决定性的作用』〔二〕。隨後，技術進步、經濟發展、人口增加，讓先民的文化生活大爲豐富。嚴文明先生評價道：『這是一場影響深遠的革命。』〔三〕在這場革命中，平衡水、沙、産、人四者之間的關係，始終是黄河治理的核心問題。四者關係一旦失衡，就容易引發諸多灾患。

歷史上，黄河下游因人口稠密、經濟發達，一直是學術界關注的重點。但自河源至今内蒙古托克托縣河口鎮的黄河上、中游區域，雖遠離王畿，人口稀疏，却也一直備受關注，人們逐步認識到黄河全流域治理是國家的重要任務。《漢書》載：『堤防之作，近起戰國，雍防百川，各以自利。』〔四〕没有全流域的協同治理，僅靠各地分段築堤，則黄河河患無法解决。秦建立了中國歷史上第一個中央集權大一統王朝，秦始皇東巡碣石，刻石銘記『决通川防，夷去險阻』〔五〕，開啓中央政府調動各要素治黄之先河，這『在中國，實質上是國家的一種職能』[六]。同時，國家通過對黄河的有效治理，爲沿黄流域人民群衆乃至其他地區人民群衆提供了重要的公共物品和産業支撑，成爲人民群衆眼中中央政府的功過評價指標之一。因此，治黄在增强沿黄各族群國家、政治、文化認同的基礎上，强化了中國大一統國家的合法性，成爲歷代國家治理能力的一個重要測度。

一、黄河治理維護了國家的社會穩定

從秦并六國到漢朝建立大一統國家，中國統一的多民族國家形成并得到初步發展。當時中央政府對所轄疆域有『北邊郡』和『内郡』之稱。内蒙古額濟納旗出土的居延漢簡有載，『豤（墾）田以鐵器爲本北邊郡毋鐵官印器内郡令郡以時博賣予細民毋令豪富吏民得多取販賣細民』，可以看出北邊郡是與内郡相對應的行政管轄區域。《史記》卷二十八『封禪書第六』載：『上乃遂去，並（并）海上，北至碣石，巡自遼西，歷北邊至九原。』[七]。《史記》卷三十『平準書第八』載：『天子北至朔方，東到太山，巡海上，並（并）北邊以歸。』[八]司馬遷多次提及北邊，足見統治者對北邊治理的重視。

漢武帝時，齊人延年提出從今内蒙古引黄河水經今北京一帶，向東注入渤海，以衛北部邊疆。『是時方事匈奴，興功利，言便宜者甚衆。齊人延年上書言：「河出昆侖，經中國，注勃海，是其地勢西北高而東南下也。可案圖書，觀地形，令水工準高下，開大河上領，出之胡中，東注之海。如此，關東長無水災（灾），北邊不憂匈奴，可以省隄（堤）防備塞，士卒轉輸，胡寇侵盜（盗），覆軍殺將，暴骨原野之患。天下常備匈奴而不憂百越者，以其水絶壤斷也。此功壹（一）成，萬世大利。」』〔九〕《史記》卷二十四『樂書第二』載：『天馬來兮從西極，經萬里兮歸有德。承靈威兮降外國，涉流沙兮四夷服。』〔十〕如今，包頭地區出土了『四夷盡服』瓦當，出土文物與傳世文獻的呼應，成爲黄河治理維護祖國北部邊疆穩定的見證。

《史記》卷三十『平準書第八』載：『嚴助、朱買臣等招來東甌，事兩越，江淮之閒（間）蕭然煩費矣。唐蒙、司馬相如開路西南夷，鑿山通道千餘里，以廣巴蜀，巴蜀之民罷焉。彭吳（吴）賈滅朝鮮，置滄海之郡，則燕齊之閒（間）靡然發動。及王恢設謀馬邑，匈奴絶和親，侵擾北邊，兵連而不解，天下苦其勞，而干戈日滋。』〔十一〕清代《汾陽縣志》卷十三『藝文』收録曹學閔《開修黄蘆嶺車路紀德政碑記》，上載：『永寧州，界連西陲，北達邊外歸綏諸路，商賈遠貿粟麥，泛皮船隨黄流南下，聚于州西磧口，一府之民仰利賴焉。而東至太原，南抵平陽，州縣凡二十餘，亦視汾爲橐籥，蓋所繫非特一方生計矣。』〔十二〕民國時期，東北淪陷後，開發西北刻不容緩，而『黄河中游之水利，自應加以擴充及整理，藉（借）收桑榆之效，以挽狂瀾於（于）萬一』〔十三〕。

因黄河流域自然條件優越，歷朝歷代都十分重視對此地的開發，通過强有力的國家干預方式推動各類産業的發展，爲中國北部疆域的形成和社會穩定奠定了基礎。

二、民族交往、物資交流、技術轉移促成黄河治理共同體

《史記》卷十五『六國年表第三』載：秦始皇三十三年（前214），『築長城河上，蒙恬將三十萬』[十四]。這數十萬人中，擁有一技之長的人員不在少數。由此，邊地人口不斷增多，而豐富的物産則促進了商品交流與統一市場的形成。西漢《鹽鐵論・力耕第二》記録了『异物内流』的情形：『是以贏（騾）驢馲駞（駝），銜尾入塞，驒騱騵馬，盡爲我畜，鼲鼦狐貉，采旃文罽，充於（于）内府，而璧玉珊瑚瑠（琉）璃，咸爲國之寶。』[十五]此後，黄河北岸的『贏（騾）驢馲駞（駝）』『驒騱騵馬』『鼲鼦狐貉』『采旃文罽』與西南織錦、中原麻織、農作物等物資相互交流，逐步形成統一的國内大市場，加强了邊疆與其他地區的經濟聯繫，促進了邊疆特色産業的發展。

隨着民族交往交流交融的增强，清代以降，黄河流域内蒙古段輸入到内地的也不僅僅是『异寶』了。《綏遠通志稿・水路》載：『自乾隆以還。口外墾殖日廣。民殷物阜。出境之油、糧、鹽、鹼（碱）、甘草各貨。入境之日用雜貨。山西與歸綏往來之商運。凡經河路者皆以托屬河口爲唯一之碼頭。』[十六]從清乾隆年間到民國時期，由内蒙古經黄河運到山西的貨物有糧、油、鹽、碱、藥材、皮毛等，其中以糧油爲最大宗。糧食品種主要有糜黍、穀子、高粱、豆類及玉米、大小麥

等，油料主要是胡麻。内蒙古供貨支綫有從阿拉善盟阿拉善左旗吉蘭泰鹽池到山西吕梁市磧口鎮的運鹽駝路，五原縣、臨河區一帶各大幹渠的運糧水道，杭錦旗、達拉特旗的甘草馱運綫，鄂托克旗的運鹼駝路。内蒙古段各條支綫以供貨爲主，山西段若干支綫以運銷爲主。

《臨縣志》載：『清朝乾隆至民國年間，陝、甘、綏、蒙等地的物資，通過此航綫運達磧口，再用牲口馱運到離石、吴城，轉運至東路（汾、平、介、孝等縣）。據民國 20 年（1931）統計，每年從綏遠磴口航至磧口的貨船不下 4000 餘艘』，『是陝、甘、綏、寧與晋西北物資集散之重鎮』。[十七]可見，内蒙古在甘肅、寧夏與陝西、山西等沿黄上下游物資交易中起到了重要的聯結作用；同時也吸引了山西、陝北、河北、山東、甘肅等地的農民遷移至此，并將開渠打壩、引水澆地等農業生産技術、手工技術和商業貿易經營方式帶到這裏。他們在此扎根，除了從事農業生産外，還挖甘草、下窑背炭、在黄河上拉船、在沙漠中拉駱駝、打短工放冬羊、開碾磨油坊，等等。不同地域、不同民族的人們合力修築河渠、引水興業，逐漸形成休戚與共的共同體。其間積纍的産品交易、商業管理、社會治理等方面的經驗，在今天依然有借鑒意義。

清代『首重治河，探河源以窮水患』[十八]，但更深層次的考量是『宣揚大一統及增强國家認同』[十九]。黄河流域人口基數大、分布廣，而全流域治理理念將不同地區、不同民族的人們凝聚成命運共同體，而『大一統』理念正是這一治理實踐的核心主題。

三、黄河流域拓展了中國的發展空間

早期統治者因巡幸及邊防建設所需，統籌管理沿黄河運與秦直道等沿黄馬道，維持着中央政府對北邊的有效治理。河套平原引黄渠道的建設爲秦漢王朝屯田事業提供了基本的水利保證，并將這些區域變成防禦北部邊患的大後方與根據地。于是，沿黄馬道、沿黄河運與萬里茶道、草原絲路等陸路運輸聯通起來，促進了中華文明與其他文明的交流互鑒，拓展了新的發展空間。

新中國成立之後，沿黄各族兒女在中國共産黨的領導下團結合作、艱苦奮鬥，實現了大河安瀾。黄河流域建立起行之有效的防洪抗汛機制，支撑着沿岸的産業發展，改善了周邊生態環境。當代治黄史證明，正是由于中國共産黨的正確領導以及集中力量辦大事的制度優勢，纔從根本上減輕了河患的威脅。進入新時代，黄河流域在築牢安瀾根基的同時，以蓬勃活力拓展着中國的發展空間。沿黄九省區在協同發展中不斷釋放潜力，讓黄河流域成爲國家區域協調發展戰略中不可或缺的重要一極，爲中國的發展源源不斷地注入新動能。

綜上所述，黄河流域的治理不是單純的河道治理、生態環境治理或社會治理，而是一種關涉水、沙、産、人四者關係的系統性、協同性治理，是推動國家可持續發展的動力，也是厘清國家治理與邊疆治理兩者動態交互實際效果的絶佳視角。而黄河工程等『中國本土理論資源、學術積纍』〔二十〕，有助于研究國家治理的演進歷程。進入新時代，黄河治理與國家治理的關係研究不斷開闢新視角、持續涌現新成果，其中鑄牢中華民族共同體意識、邊疆治理與黄河流域生態保護和高質量發展成爲非常重要的研究視角。因此，基于這一角度搜集整理黄河國家治理文獻，意義重大。《黄河國家治理文獻集成》，應運而生。

本叢書系統梳理了黄河治理的歷史脉絡與經驗，既爲新時代黄河流域生態保護和高質量發展提供了歷史鏡鑒，更以文獻爲載體，傳承了治理智慧、凝聚了民族力量，是服務國家發展戰略、鑄牢中華民族共同體意識的重要學術實踐。

《黄河國家治理文獻集成》編委會

二〇二五年一月

〔一〕韓建業：《中華文明的起源和形成》，載《中華民族共同體研究》2022年第4期，第80–91+172頁。

〔二〕中共中央馬克思恩格斯列寧斯大林著作編譯局：《馬克思恩格斯選集》第二卷，人民出版社，2014年，第240頁。

〔三〕嚴文明：《黄河流域文明的發祥與發展》，載《華夏考古》1997年第1期，第49–54+113頁。

〔四〕（漢）班固：《漢書》卷二十九『溝洫志第九』，中華書局，1964年，第1692頁。

〔五〕（漢）司馬遷：《史記》卷六『秦始皇本紀第六』，中華書局，1963年，第252頁。

〔六〕冀朝鼎：《中國歷史上的基本經濟區與水利事業的發展》，朱詩鰲譯，中國社會科學出版社，1981年，第7頁。

〔七〕（漢）司馬遷：《史記》卷二十八『封禪書第六』，中華書局，1963年，第1398-1399頁。

〔八〕（漢）司馬遷：《史記》卷三十『平準書第八』，中華書局，1963年，第1441頁。

〔九〕（漢）班固：《漢書》卷二十九『溝洫志第九』，中華書局，1964年，第1686頁。

〔十〕（漢）司馬遷：《史記》卷二十四『樂書第二』，中華書局，1963年，第1178頁。

〔十一〕（漢）司馬遷：《史記》卷三十『平準書第八』，中華書局，1963年，第1420-1421頁。

〔十二〕（清）方家駒修，（清）王文員纂：《汾陽縣志》卷十三『藝文』，清光緒十年刻本，第57-58頁。

〔十三〕王華棠、劉錫彤、吴樹德：《黄河中游調查報告》，華北水利委員會編印，1934年，第1頁。

〔十四〕（漢）司馬遷：《史記》卷十五『六國年表第三』，中華書局，1963年，第758頁。

〔十五〕王利器：《鹽鐵論校注》，中華書局，1992年，第28頁。

〔十六〕綏遠通志館：《綏遠通志稿》第十册，内蒙古人民出版社，2007年，第176頁。

〔十七〕臨縣志編纂委員會：《臨縣志》，海潮出版社，1994年，第273、321頁。

〔十八〕趙爾巽等：《清史稿》卷一二六『河渠一』，中華書局，1977年，第3715頁。

〔十九〕劉惠：《乾隆朝重構黄河河源的實踐與國家認同》，載《清華大學學報》（哲學社會科學版）2018年2期，第147-154+195頁。

〔二十〕許耀桐：《當代中國『治理』概念的演進探析》，載《國家現代化建設研究》2023年3期，第100-111頁。

出版前言

黃河，中華民族的母親河，她不僅孕育了中華文明，更見證了中華民族數千年的發展歷程。習近平總書記深刻指出：『從某種意義上講，中華民族治理黃河的歷史也是一部治國史。』這一重要論述，爲新時代黃河文化的保護傳承以及流域治理提供了根本遵循，也深刻揭示了黃河治理在國家發展和民族復興進程中的核心地位。在學習貫徹習近平新時代中國特色社會主義思想，積極響應國家黃河流域生態保護和高質量發展重大戰略，大力推進北疆文化建設的背景下，《黃河國家治理文獻集成》的編纂出版，具有重要的歷史意義、學術價值與現實指導意義。

黃河治理，自古以來就是國家的頭等大事。從遠古時期大禹治水，到當代運用科學技術進行系統治理，中華民族在數千年的時間裏，積纍了豐富的治河經驗，留下了浩如烟海的文獻遺産。《黃河國家治理文獻集成》收録了元代至民國時期古籍、朱批奏摺、期刊圖片等多模態文獻資源。這些文獻内容豐富、維度多元，既包含記載河工技術、治理方略等的專書，又有漢文朱批奏摺、工程檔案以及不同區域的調查研究報告等。民國時期的文獻則標志着現代水利科學開始融入黃河治理，展現了我國水利事業在時代變革中的創新與發展。近代照片的收録則以更加直觀的方式將黄河治理、黄河沿岸的風貌呈現給讀者。

該文獻的出版，不僅是對瀕危黄河文化遺産的及時搶救與保護，更是對我國水利史、國家治理史、邊疆治理研究學術鏈條的重要補充，具有較高的文獻價值和學術意義。尤爲重要的是，這一集成工作，深度契合鑄牢中華民族共同體意識這一全黨全國各族人民的共同任務。各民族在治理黄河的歷史進程中，緊密協作、共同探索，這些珍貴文獻便是各民族交往交流交融和中華文明認同的生動見證。對這些文獻進行整理出版，能够讓各族人民更加深刻地認識到，在歷史長河中，各民族共同爲黄河治理貢獻了力量，共同守護了家園，從而進一步增强對中華民族共同體的認同感與歸屬感，夯實鑄牢中華民族共同體意識的歷史根基。

《黄河國家治理文獻集成》以『國家治理』爲核心綫索，構建起一個全面、系統、多維的文獻體系：在時間跨度上，聚焦從元代至民國這一傳統治河向現代水利轉型的歷史時期，爲深入研究我國水利事業的發展脉絡提供了清晰的時間坐標；在内容分類上，細緻劃分爲技術專著、工程檔案、區域研究、朱批奏摺、科學報告、圖片等類別，涵蓋黄河治理的各個方面，從不同角度展現了我國在黄河治理上的探索與實踐；在版本選擇上，秉持嚴謹、科學的態度，確保文獻内容的準確性與代表性，爲學術研究奠定堅實基礎。

在編纂過程中，叢書特別注重『全流域治理』的理念，不僅收録了有關下游防洪治河的重要文獻，還涵蓋了中游地區水土保持以及上游地區灌溉開發等方面的珍貴記載。這種對黄河全流域治理的全方位關注，與當前『共同抓好大保護，協同推進大治理』的要求高度契合，充分體現了叢書在傳承歷史文化遺産的同時，緊密服務于當代國家發展戰略的時代價值。

在出版過程中，嚴格保持原書的版式與行款，最大程度地還原文獻原貌。對于部分出現黴變、殘缺的頁面，運用先進的數字化修復技術進行精心處理，在保留原始批注與印章痕迹的基礎上，兼顧了文物的真實性與文獻的可讀性。

此外，爲了更好地服務讀者，方便學術研究，本叢書新增了目録、提要等内容，這些新增部分由編委會精心撰寫。新增目録一般編製二級，個别圖書編製三級；原書有目録而内文無對應標題的，根據原書目録照録；原書目録爲關鍵詞或者其他情况的不編製目録；原書目録與内文不一致的，以原書内文爲準；原書無目録的，按卷端、版心或其他部分輯録；一册書中收録多種圖書的，以書名爲一級標題，編製二或三級。在文字使用上，統一使用現代漢語規範繁體字，對于原版文獻中的异體字、避諱字也使用現代規範繁體字，無對應規範繁體字的保留原字。

《黄河國家治理文獻集成》的出版，是對黄河文化遺産的一次系統性、搶救性保護，具有重大而深遠的現實意義：從學術價值層面來看，叢書成功構建起一座連接傳統與現代治黄文獻的橋梁，爲黄河流域生態保護、水利工程史、國家治理史、邊疆治理、中華民族共同體學等多個領域的學術研究提供了豐富、翔實的基礎文獻，有力推動了相關學科的發展與創新；從文化價值角度而言，生動展現了北疆文化與黄河文化在歷史長河中的交融共生，爲内蒙古『北疆文化』品牌建設提供了堅實的文獻支撑，進一步豐富了中華文化的内涵與外延；從實踐價值方面考量，書中所藴含的治河理念爲我們在新時代背景下實現人與自然和諧共生、推動黄河流域可持續發展提供了寶貴的歷史經驗與智慧啓示。

在此，我們要衷心感謝各藏書機構的大力支持，正是他們提供了珍貴底本資源，纔使得本叢書的編纂出版成爲可能。同時，我們也要向文化遺産智能應用服務中華民族共同體建設『英才與蒙』團隊致以崇高的敬意，他們歷經五年的辛勤耕耘，以嚴謹的治學態度和專業的學術素養，對文獻進行了系統的整理和輯録，爲叢書的内容質量提供了堅實保障。此外，我們還要特别感謝内蒙古自治區黨委宣傳部、内蒙古出版集團將本叢書納入『北疆文庫』重點項目，并在出版過程中給予全方位支持與幫助。

我們衷心期待，這套凝聚着無數心血與智慧的《黄河國家治理文獻集成》，能够在新時代的『黄河大合唱』中奏響歷史的强音，爲黄河流域生態保護和高質量發展注入强大的歷史動力，讓黄河文化在保護中傳承，在傳承中創新，在創新中不斷發展，綻放出更加絢爛的光彩。同時，希望這套叢書能够成爲促進各民族文化交流、鑄牢中華民族共同體意識的重要載體，助力各民族更加緊密地團結在一起，共同爲實現中華民族偉大復興的中國夢而努力奮鬥，讓中華民族共同體意識在黄河文化的滋養下，扎根于每一位中華兒女的心中，成爲推動中華民族不斷前進的强大精神力量。

提　要

《清代漢文朱批奏摺黄河治理資料輯録》共10册，收録清代康熙四十四年（1705）至咸豐三年（1853）關于黄河治理的漢文朱批奏摺1000件，以時間爲序編排，每篇奏摺均保留朱批痕迹，真實呈現了清代黄河治理的决策與執行過程。

所收録的奏摺内容包括工程實踐（如堤埽、堤壩與河道工程的修建和維護）、防汛體系（如水情監測、灾情預警與應急響應）、綜合管理（如河道管理、跨區域協調、物料與經費管理、漕運管理）、治河制度與管理機制、灾害影響及灾民撫恤等。

第一册收録康熙四十四年（1705）至雍正七年（1729）的100件奏摺。第二册收録雍正七年（1729）至乾隆二十年（1755）的120件奏摺。第三册收録乾隆二十年（1755）至乾隆三十八年（1773）的130件奏摺。第四册收録乾隆三十九年（1774）至乾隆四十六年（1781）的110件奏摺。第五册收録乾隆四十六年（1781）至乾隆五十二年（1787）的110件奏摺。第六册收録乾隆五十三年（1788）至清嘉慶六年（1801）的100件奏摺。第七册收録嘉慶六年（1801）至嘉慶二十二年（1817）的90件奏摺。第八册收録道光三年（1823）至道光十六年（1836）的60件奏摺。第九册收録道光十六年（1836）至道光二十五年（1845）的80件奏摺。第十册收録道光二十五年（1845）至咸豐三年（1853）的100件奏摺。

目録

九〇一

奏

河東河道總督臣鍾祥跪

奏為節逾寒露黃河長水無多兩岸工程平穩並
查明各廳抛過甎石工段恭摺具
奏仰祈
聖鑒事竊照節屆秋分水平工穩緣由臣於八月二
十七日具
奏後旋據黃沁廳呈報武陟沁河於八月二十二
日申時長水一尺三寸加以連朝陰雨灘水匯
流下注而前此漲水早已暢消河身足資容納
是以各廳稟報長水無多兩岸工程悉臻平穩
惟中河廳中牟下汛五堡挑壩埽工二段及上
首空檔埽三段俱係上年淤閉緩修底料朽腐

河溜側注搜淘同時匯塌當經督飭道廳照段
補還追壓穩實抵禦甚爲得力至各廳甎石係
陸續拋用雖向有探驗水底收分之法究恐未
能確實必須按舊存及原辦甎石確量現存方
數以計拋用數目則有無捏報虛拋不難立見
臣即照此挨廳查驗尚無虛捏情弊謹將工名
段落分別繕片恭呈
御覽現距霜降雖僅旬日而水未經霜其力尚勁防
守未敢稍懈並將本年用銀總數督同各該道
詳慎勾稽覈實造報其各廳用存稭垛亦已飭
道委員查點以便於霜後請辦防料項下扣除
劃還司庫銀兩用期處處覈實所有節逾寒露
工程平穩緣由理合恭摺具
奏伏乞
皇上聖鑒再霜降恭報安瀾照例由驛馳奏合先陳
明謹
奏

覽奏均悉

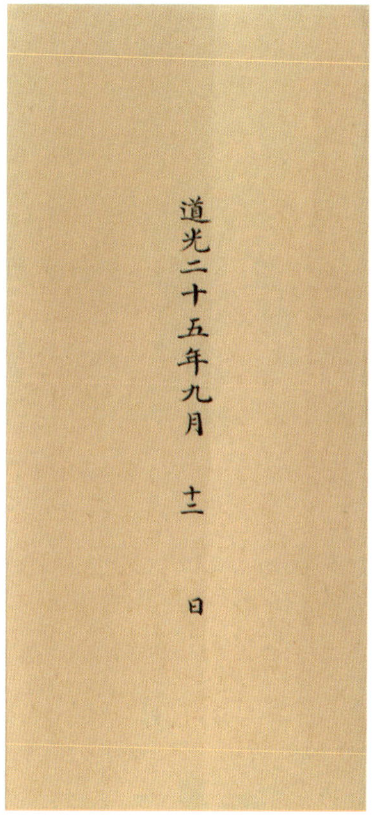

道光二十五年九月　十三　日

再兩岸各廳本年先後拋築甎工或舊埽前拋
壩挑護或舊甎壩匯墊加拋接長或拋護土壩
以及灘面溝形錯雜串水寬深之處築壩跨壓
攔禦均經該管各道督飭分别擇要拋辦兹據
稟請具奏前來係豫省南岸下南河廳祥符上
汛十九堡蓋壩下首順河土堰第五道甎挑壩
加拋長三丈二尺儀睢廳睢州上汛三堡順水
頭壩拋築甎壩一道長五丈順水二壩拋築甎
壩一道長四丈睢寧廳睢州下汛六堡挑水三
壩上首空檔加拋甎壩一道長五丈四尺商虞
廳虞城上汛十二堡托四壩前拋築甎壩一道
長四丈北岸黄沁廳唐郭汛攔黄堰托壩第一
段内南面新挑壩二道於二十三四兩年拋接
甎壩今於壩頭連壩身一律加拋高厚計長四
丈五尺及五丈四尺八寸衞糧廳陽武汛十七
堡前月石壩十段上首土壩頭甎壩一道加拋
接長共長十一丈四尺祥河廳祥符上汛十五
堡人字壩下首空檔加拋甎壩一道長十二丈

四尺下北河廳蘭陽汛十三堡頭道挑壩頭埽上首加抛順压甎壩一道長十丈又二道挑壩二埽以下空檔頭埽下首舊有二三兩埽今於該舊埽前抛護甎挑壩四道長自一丈九尺至五丈五尺曹考廳考城汛陳埠道迤東頭二道挑壩西面並接連壩頭抛築甎壩各一道均周牽長十二丈又兵七堡迤西跨壓溝形抛築甎壩一道長二十三丈以上各工覈計用甎自六十餘方至四百八十餘方不等臣查驗辦理如式抵禦均屬得力理合附片具陳謹

奏

知道了

再本年兩岸各廳瓴埽各工迎溜頂衝情形喫
緊段落擇要拋護蓋壓碎石均經臣與各道隨
時督飭拋辦堪資抵禦兹查豫省南岸上南河
廳中牟上汛頭堡楊橋戧三壩舊有碎石之二
埽上跨角又該堡第七段工尾舊有碎石之瓴
壩外中河廳中牟下汛年工東壩埽工北面托
頭壩九埽並托二壩五埽及六埽下南河廳祥
符上汛十九堡蓋壩下首順河土堰前第一第
五兩道瓴挑壩外蘭儀廳蘭陽汛蔡家樓順隄
舊有碎石之頭埽並該汛九堡柴壩舊有碎石
之五埽及十八埽又儀封上汛三堡蓋壩舊有
碎石之瓴壩外儀睢廳睢州上汛三堡蓋壩舊
有碎石之瓴壩外並該堡順水頭二兩壩前各
瓴壩外又十堡舊土壩前舊有碎石之瓴壩外
托壩前舊有碎石之瓴壩外睢寧廳睢州下汛
五堡順水壩外商虞廳虞城上汛十九堡挑水
壩二埽北岸黃沁廳唐郭汛攔黃堰托壩第一
段內南面新挑壩二道本年加拋各瓴壩外衝

糧廳陽武汛十七堡前月石壩十段上首土壩
頭本年加拋接長甎壩頭並西面又封邱汛西
圈堰頭道順壩上首新補堰身西面舊有碎石
之護埽外中間祥河廳祥符上汛十五堡人字
壩下首挑壩舊有碎石之六埽下北河廳蘭陽
汛十三堡頭道挑壩頭埽上首本年加拋順厓
甎壩外並二道挑壩二埽以下空檔頭埽下首
舊埽前新拋之甎挑壩四道各壩頭並西面又
十六堡二道靠壩舊有碎石之六埽曹考廳蘭
陽下汛頭堡頭道挑壩舊有碎石之四埽東省
北岸曹河廳曹下汛五堡順水三壩三埽曹單
廳單下汛四堡新二壩下首人字壩舊有碎石
之護埽以上埽壩各段用石自一百四十餘方
至二千三百九十餘方不等拋辦均屬合宜查
驗並無虛捏業已逐一量明丈尺另容彙繕清
單恭呈
御覽合先附片具
奏

知道了

九〇二

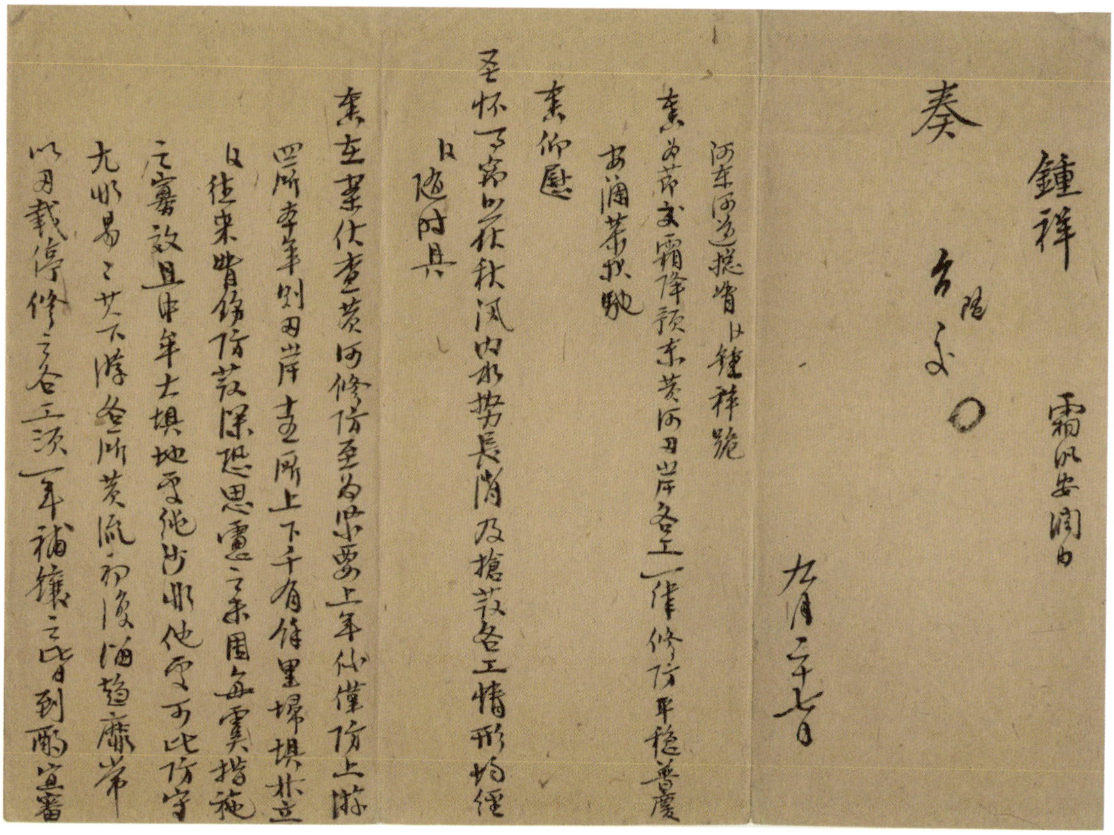
鍾祥　霜汛安瀾由
奏　知道了
九月二十七日
河東河道總督臣鍾祥跪
奏為節交霜降豫東黄河兩岸各工一律修防平穩普慶
安瀾恭摺馳
奏仰慰
聖懷事竊照秋汛內水勢長消及搶護各工情形均經
臣隨時具
奏在案伏查黄河修防至為緊要上年似僅防上游
四所本年則兩岸十五所上下千有餘里埽壩林立
臣往來督飭防護深恐思慮之未周每實措施
之寡效且中牟土填地處低窪非他處可比防守
九堡暨二十下游各所溜流汛後迴趨靡常
以及載停修之各工須一年補鑲之時到兩宜審

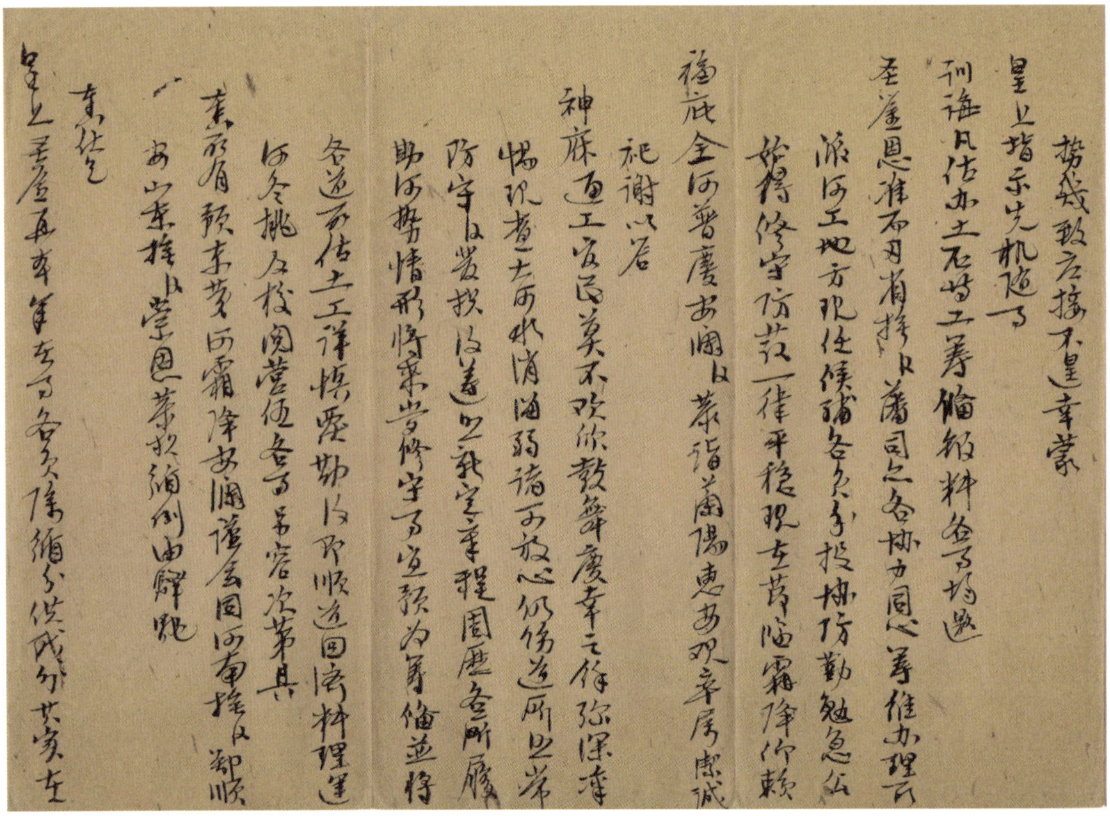
務幾致啟據不呈達章蒙
皇上指示先機隨了
訓誨凡估辦土石埽工籌備物料各了均遵
聖鑒恩准不日肖推卸 臣藩司之各協力同心籌備辦理外
派河工地方現任候補各員分投搶防勤勉急公
始得修守防護一律平穩現在黃河霜降仰賴
福庇全河普慶安瀾 臣 恭詣蘭陽惠安觀音廟虔誠
祀謝以答
神庥 查道工安瀾莫不欣歡鼓舞慶幸之餘深懷
惕現者上南河水消溜弱猶不敢放心仍飭道廳照常
防守 臣 發放後隨即遵旨兼程周歷各廳履
勘河勢情形將來嗣後修守可宜預為籌備並將
各道所估土工詳慎覆勘 臣 即順道回濟料理運
河冬挑及校閱營伍各事 容次第具
奏所有黃河霜降安瀾謹會同河南撫臣 鄂順
安山東撫臣 崇恩恭摺繕由驛馳
奏伏乞
皇上聖鑒再本年奉旨各廳人員係循分從戊分恭安查

奮勉出力不辭勞瘁者經臣隨時存記並俟各

該道等保薦來文查核實量加鼓勵之處伏候

訓示祗遵謹

奏

道光二十五年九月二十七日奉

硃批覽奏欽感另有旨欽此

九月二十六日

九〇三

奏

河東河道總督臣鍾祥跪

奏為節交霜降豫東黃河兩岸各工一律修防平

穩普慶安瀾恭摺馳

奏仰慰

聖懷事竊照伏秋汛內水勢長消及搶護各工情形

均經臣隨時具

奏在案伏查黃河修防至為緊要上年係僅防上

游四廳本年則兩岸十五廳上下千有餘里埽

壩林立臣往來督飭防護深恐思慮之未周每

虞措施之寡效且中牟大壩地處純沙非他處

可比防守尤非易易其下游各廳黃流初復溜

趨靡常以兩載停修之各工須一年補鑲之皆

到酌宜審勢幾致應接不遑幸蒙
皇上指示先機隨事
訓誨凡估辦土石等工籌備銀料各事均邀
聖鑒恩准而兩省撫臣藩司亦各協力同心籌維辦
理所派河工地方現任候補各員分投協防勤
勉急公始得修守防護一律平穩現在節臨霜
降仰賴
福庇全河普慶安瀾臣恭詣蘭陽惠安觀率屬潔誠
祀謝以答
神庥通工官民莫不歡欣鼓舞慶幸之餘彌深凜
惕現查大河水消溜弱諸可放心仍飭道廳照
常防守臣發摺後遵照新定章程周歷各廳履
勘河勢情形將來歲修守事宜豫為籌備並將
各道所估土工詳慎覆勘後即順道回濟料理
運河冬挑及校閱營伍各事另容次第具
奏所有豫東黃河霜降安瀾謹會同河南撫臣鄂
順安山東撫臣崇恩恭摺循例由驛馳
奏伏乞

皇上聖鑒再本年在事各員除循分供職外其實在
奮勉出力不辭勞瘁者經臣隨時存記並據各
該道稟保前來可否覈實量加鼓勵之處伏候
訓示祇遵謹
奏
覧奏欽感另有旨

道光二十五年九月　二十三　日

九〇四

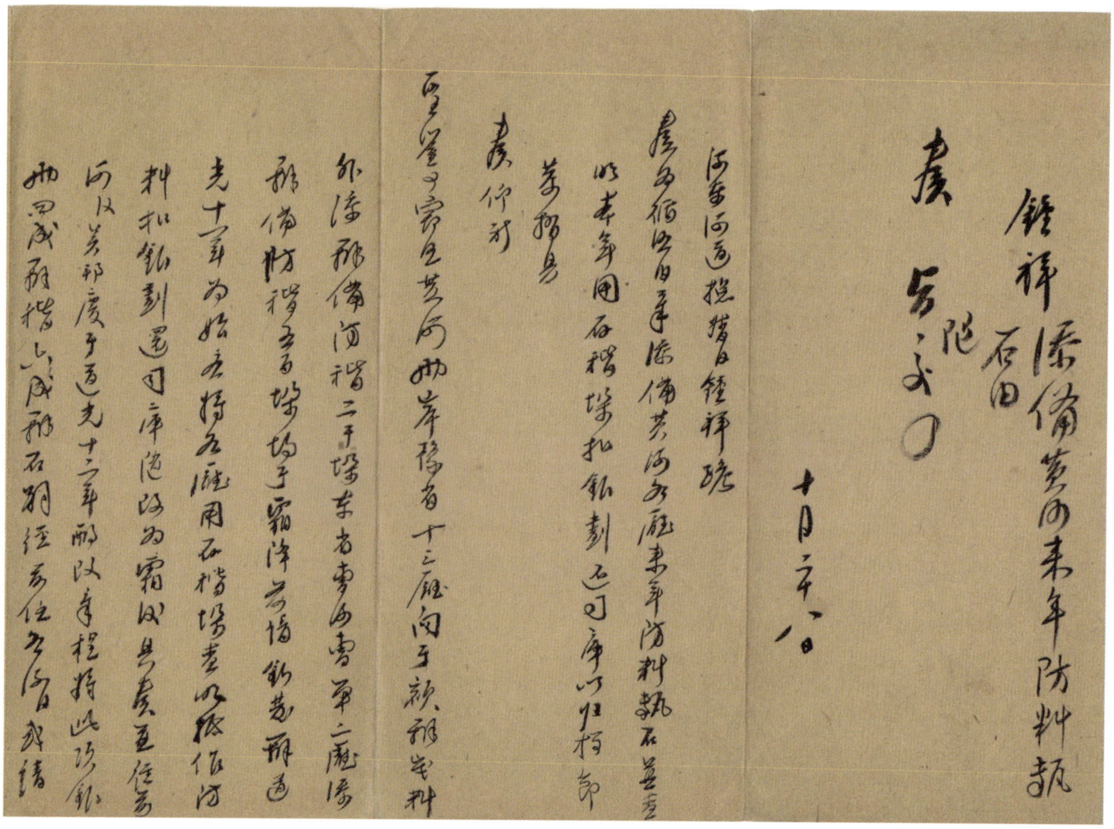

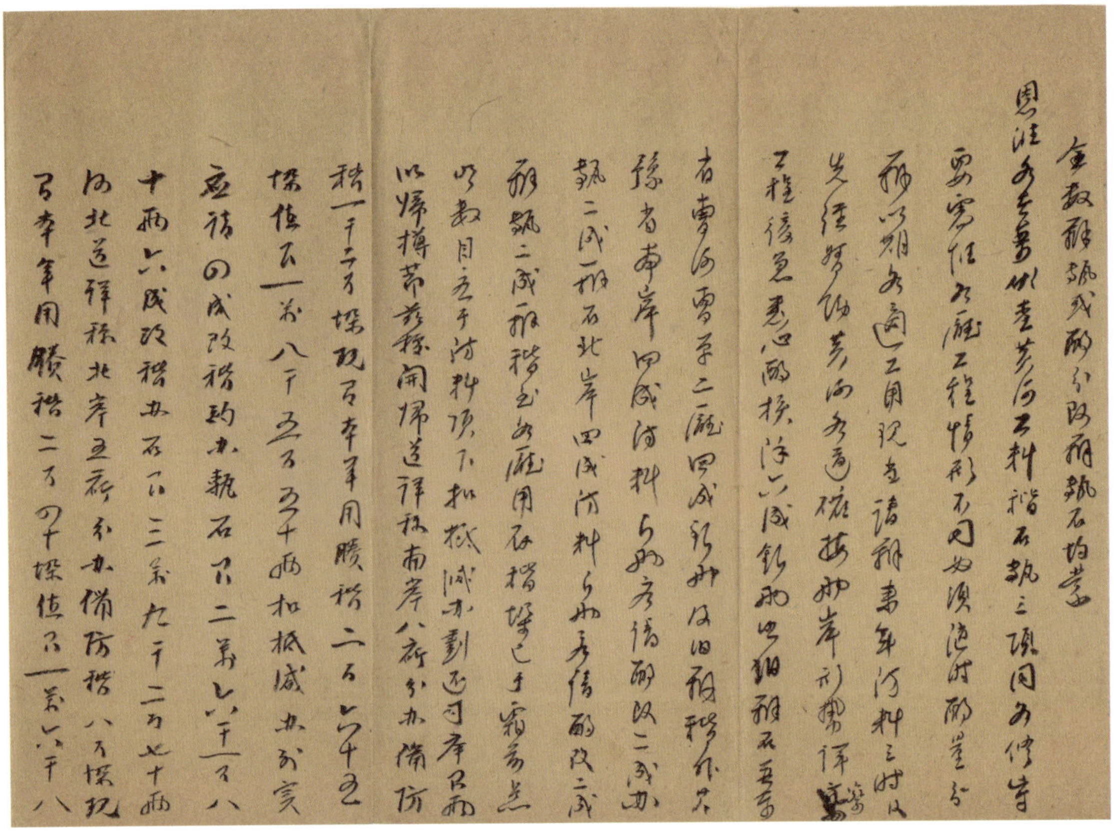

全數辦鑲或酌分段辦鑲石均蒙
恩准。今年春以查出方料稭石鑲三項，因各修守
要需，任各廳工程情形不同，必須隨時酌量分
撥，以期有濟。上年現在請辦來年河料之時，以
先經督飭黄河各道，確核兩岸形勢，詳審
工程緩急，悉心酌核，除六成録辦外，細辦石五千
方，東河曹考二廳因成熟仍照旧辦稭外，其
餘各廳南岸四成河料，分辦秸料，稭酌改二成加
鑲二成，一辦石；北岸四成河料，分辦秸料，酌改二成
辦鑲二成，辦稭，至各廳用存稭垛，已于霜前卷出
此數目，至于河料項下扣抵減，亦劃還司庫，及兩
以歸撙節。茲據開歸道詳稱，南岸八廳分辦備防
稭一千二百垛，現另本年用賸稭二百六十五
垛，值銀一萬八千五百五千兩，扣抵減半，計實
應請四成改稭，均加鑲石，計二萬七千一百八
十兩，六成改稭，共石計三萬九千二百七十兩。
河北道詳稱，北岸五廳分辦備防稭八百垛，現
另本年用賸稭二百四十垛，值銀一萬六千八

萬兩，扣抵歲辦料實應請二成加料一萬十二
垛，核例幫價銀七千八百兩，二成改料加
辦銀七千八百四十兩，六成改料加石銀二萬
三千五百二十兩。亮所送詳稱東省二府應辦備
防秸五百垛，現奉本年用賸秸一萬二十垛，
值銀八千四百兩，扣抵歲辦實應請四成加
秸一萬五千十二垛，核例幫價銀一萬六千四十兩，
六成改料加石銀一萬五千九百六十兩。仰
懇
天恩，俯准照數添備，以裕工需。再，
命下，即咨河南、山東兩撫臣，各於司庫籌款撥
發，藩司給領趕辦，額石勒限來年
桃汛內全完。秸料於年前開發料一律堆齊，在
廳親驗，如未經驗收以前擅行動用者，即指名
嚴參。總期隨埽工料充足，以重河防。謹將豫
東兩省備來年防料額石並本年存秸採辦
還司庫銀兩各緣由，謹會同河南撫臣鄂順安、
山東撫臣崇恩恭摺具

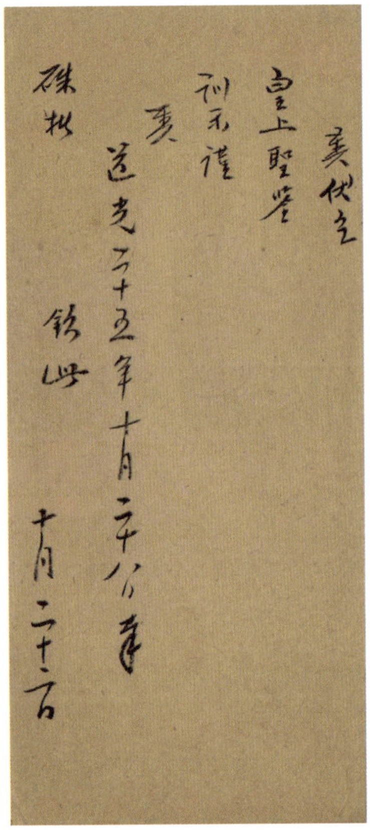

奏伏乞
皇上聖鑒
訓示謹
奏
道光二十五年十月二十八日奉
硃批 欽此
十月二十二日

九〇五

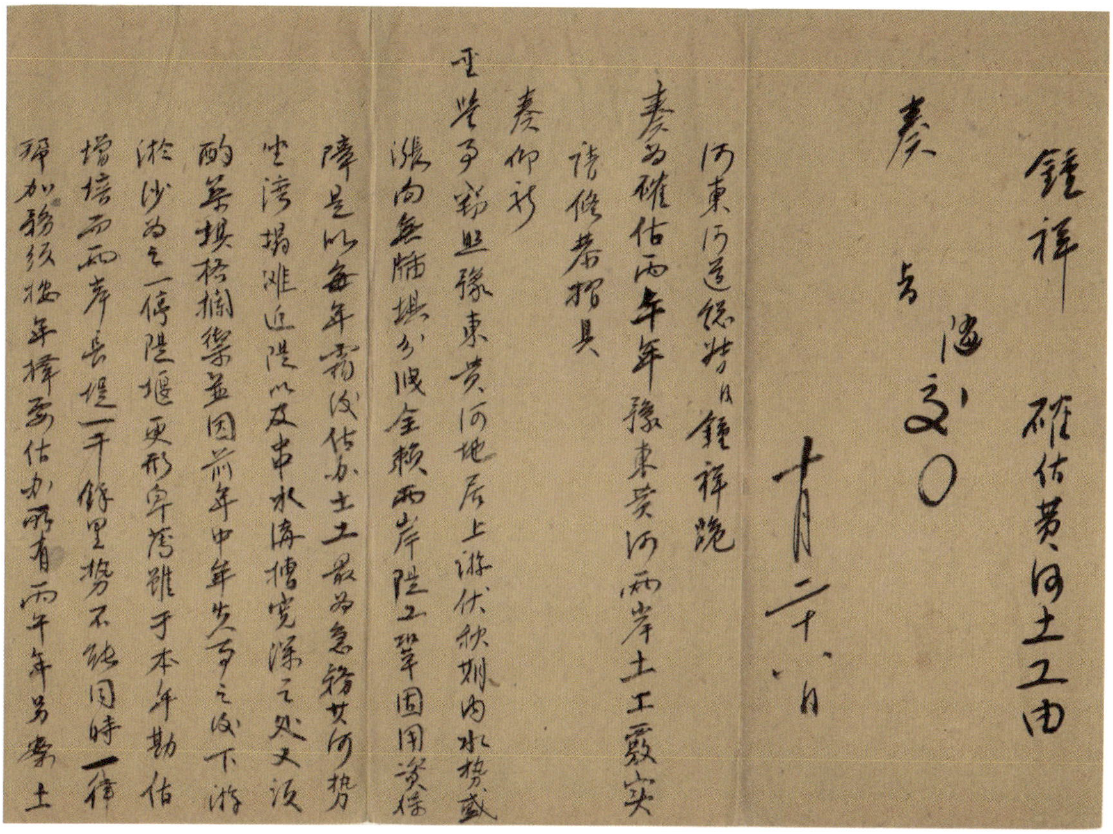
鍾祥　確估黄河土工由

奏　旨　隨交○

十月二十八日

河東河道總督臣鍾祥跪

奏爲確估兩年年豫東黄河兩岸土工覈實

請修恭摺具

奏仰祈

聖鑒事竊照豫東黄河地居上游伏秋汛内水勢盛

漲向無攔堤分洩全賴兩岸隄工捍衛閑資保

障是以每年霜後估辦土工最爲急務其河勢

坐灣塌灘近隄以及串水濠槽寬深之處又須

酌築埽格擋禦並因前年中年失事之後下游

淤沙爲之一停隄堰更形卑薄雖于本年勘估

增培而兩岸長隄一千餘里勢不能同時一律

預加務須按年擇要估辦所有兩年年另案土

工先經逐飭黃河三道切實估計造冊具稟臣
于霜降後周歷兩岸履勘河勢情形復核歷按
冊親為覆估凡次要工段概行緩辦擇其實在
緊要段落必不可緩之堤堰填戧或一面幫寬
或兩面幫寬或頂上加高加築子堰或添築樓
長段築填橫堤擋土戧順河堰及填補殘缺溝
形滑槽窪形坑塘窪塘水塘水洪等工接取土
遠近每方給例價銀一錢四分四厘一錢九分二
厘並二錢一分六厘不等其隔水遠遠取土倍
極艱難者每方津貼銀三分四厘八分四厘及
一錢三分四厘計豫省兩岸十三廳估需例
價銀四十二萬七千三百八十一兩零津貼銀
五萬四千八百一十兩零共例津二價銀四十八萬
二千一百九十餘兩東省曹河曹單二所及曹考所之曹
上汛估需例價銀二萬九千六百九十三兩零津貼銀
四千二百八兩零共例津二價銀三萬三千九百餘
兩俱係必不可緩之工覈實無浮合無仰懇
天恩俯念河防緊要土工為修守根本照數准辦臣當

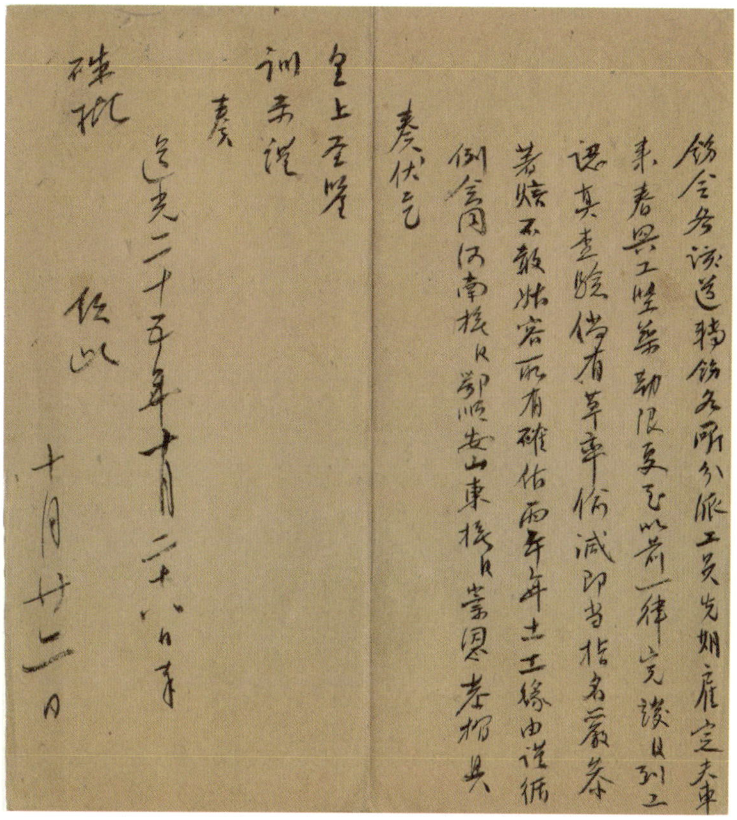

飭令各該道轉飭各廳分派工員先期雇定來年

春興工堤段勒限夏至以前一律完竣臣到工

認真查驗倘有草率偷減即當指名嚴參

著賠不敢姑容所有確估兩年土工緣由謹循

例會同河南撫臣鄂順安山東撫臣崇恩恭摺具

奏伏乞

皇上聖鑒

訓示謹

奏

道光二十年十月二十八日奉

硃批 依議

十月廿二日

奏

河東河道總督臣鍾祥跪

奏為確估丙午年豫東黃河兩岸土工覈實請修

恭摺具

奏仰祈

聖鑒事竊照豫東黃河地居上游伏秋期内水勢盛漲向無牐壩分洩全賴兩岸隄工鞏固用資保障是以每年霜後估辦土工最為急務其河勢坐灣塌灘近隄以及串水溝槽寬深之處又須酌築壩格攔禦並因前年中牟失事之後下游淤沙為之一停隄堰更形卑薄雖於本年勘估增培而兩岸長隄一千餘里勢不能同時一律幫加務須按年擇要估辦所有丙午年另案土

工先經通飭黃河三道切實估計造冊具稟臣於霜降後周歷兩岸履勘河勢情形復挨廳按冊親為覆估凡次要工段概行緩辦擇其實在緊要段落必不可緩之隄堰壩戧或一面幫寬或兩面幫寬或頂上加高加築子堰或添築接長改築壩格壩檔土戧順河堰及填補殘缺溝形溝槽窪形坑塘窪塘水塘水淤等工按取土遠近每方給例價銀一錢四分四釐一錢九分二釐並二錢一分六釐不等其隔水遠遠取土倍極艱難者每方津貼銀三分四釐八分四釐及一錢三分四釐計豫省兩岸十三廳估需例價銀四十二萬七千三百八十一兩零津貼銀五萬四千八百一十兩零共例津二價銀四十八萬二千一百九十餘兩東省曹河曹單二廳及曹考廳之曹上汛估需例價銀二萬九千六百九十三兩零津貼銀四千二百八兩零共例津二價銀三萬三千九百餘兩俱係必不可緩之工覈實無浮合無仰懇

天恩俯念河防緊要土工為修守根本照數准辦臣
當飭令各該道轉飭各廳分派工員先期雇定
夫車來春興工堅築勒限夏至以前一律完竣
臣到工認真查驗倘有草率偷減即當指名嚴
參著賠不敢姑容所有確估丙午年土工緣由
謹循例會同河南撫臣鄂順安山東撫臣崇恩
恭摺具
奏伏乞
皇上聖鑒
訓示謹
奏
另有旨

道光二十五年十月　二十二　日

再豫東黄河兩岸隄堰壩戧卑矮單薄不得不
按年覈實增培以期防禦有資而
國家經費有常亦必須隨時籌計是以乙巳年土
工係
奏明動用捐輸之項辦理未曾另行請
帑並於本年二月内臣會同河南撫臣鄂順安奏
蒙
恩准豫省捐輸展期一年以作辦理土工及挑穵賈
魯河之需查節次捐輸之項已先儘挑辦賈魯
河之用現在捐輸局内存款無幾不敷發辦土
工而距展限之期尚有四月續捐多寡尚難豫
必所有現估丙午年土工除兖沂道屬例津二
價銀三萬三千九百餘兩仍請循例由山東藩
庫撥交該道轉發各廳派員趲辦外其開歸河
北二道屬共需例津二價銀四十八萬二千一
百九十餘兩應請先將捐輸局内現存錢文並
隨後續捐之款覈銀支發倘有不敷循例於河
南藩庫找撥俾資趕辦以免遲誤理合附片分

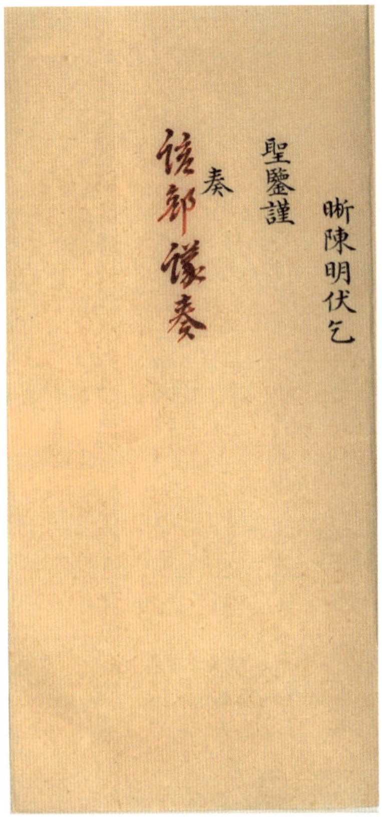

晰陳明伏乞
聖鑒謹
奏
該部議奏

九〇七

奏

河東河道總督臣鍾祥跪

奏為循照舊章添備黃河各廳來年防料甎石並

查明本年用存稭垛扣銀劃還司庫以歸撙節

恭摺具

奏仰祈

聖鑒事竊照黃河兩岸豫省十三廳向於額辦歲料

外添辦備防稭二千垛東省曹河曹單二廳添

辦備防稭五百垛均於霜降前請銀發辦道光

十一年為始應將各廳用存稭垛查明抵作防

料扣銀劃還司庫隨改為霜後具奏並經前河

臣吴邦慶於道光十二年酌改章程將此項銀

兩四成辦稭六成辦石嗣經前任各河臣或請

全數辦甎或酌分改辦甎石均蒙
恩准各在案伏查黄河工料稭石甎三項同為修守
要需惟各廳工程情形不同必須隨時酌量分
辦以期各適工用現當請辦來年防料之時臣
先經督飭黄河各道確按兩岸形勢詳察工程
緩急悉心酌覈除六成銀兩照舊辦石並東省
曹河曹單二廳四成銀兩仍舊辦稭外其豫省
南岸四成防料銀兩應請酌改二成辦甎二成
辦石北岸四成防料銀兩應請酌改二成辦甎
二成辦稭至各廳用存稭垛已於霜前點明數
目應於防料項下扣抵減辦劃還司庫銀兩以
歸撙節茲據開歸道詳稱南岸八廳分辦備防
稭一千二百垛現有本年用賸稭二百六十五
垛值銀一萬八千五百五十兩扣抵減辦外實
應請四成改稭酌辦甎石銀二萬六千一百八
十兩六成改稭辦石銀三萬九千二百七十兩
河北道詳稱北岸五廳分辦備防稭八百垛現
有本年用賸稭二百四十垛值銀一萬六千八

百兩扣抵減辦外實應請二成辦稭一百十二
垜該例幫價銀七千八百四十兩二成改稭辦
甎銀七千八百四十兩六成改稭辦石銀二萬
三千五百二十兩兗沂道詳稱東省二廳應辦
備防稭五百垛現有本年用賸稭一百二十垛
值銀八千四百兩扣抵減辦外實應請四成辦
稭一百五十二垛該例幫價銀一萬六百四十
兩六成改稭辦石銀一萬五千九百六十兩仰
懇
天恩俯准照數添備以裕工儲恭候
命下臣即分咨河南山東兩撫臣各於司庫籌款撥
發存貯各道庫分別給領趕辦甎石勒限來年
桃汛内全完稭料於年前同歲料一併堆齊報
候親驗如未經驗收以前擅行動用者即指名
嚴叅懲辦務期工料充足以重河防所有循照
舊章添備來年防料甎石並本年用存稭垛劃
還司庫銀兩各緣由謹會同河南撫臣鄂順安
山東撫臣崇恩恭摺具

奏伏乞
皇上聖鑒
訓示謹
奏
另有旨

道光二十五年十月　二十二　日

九〇八

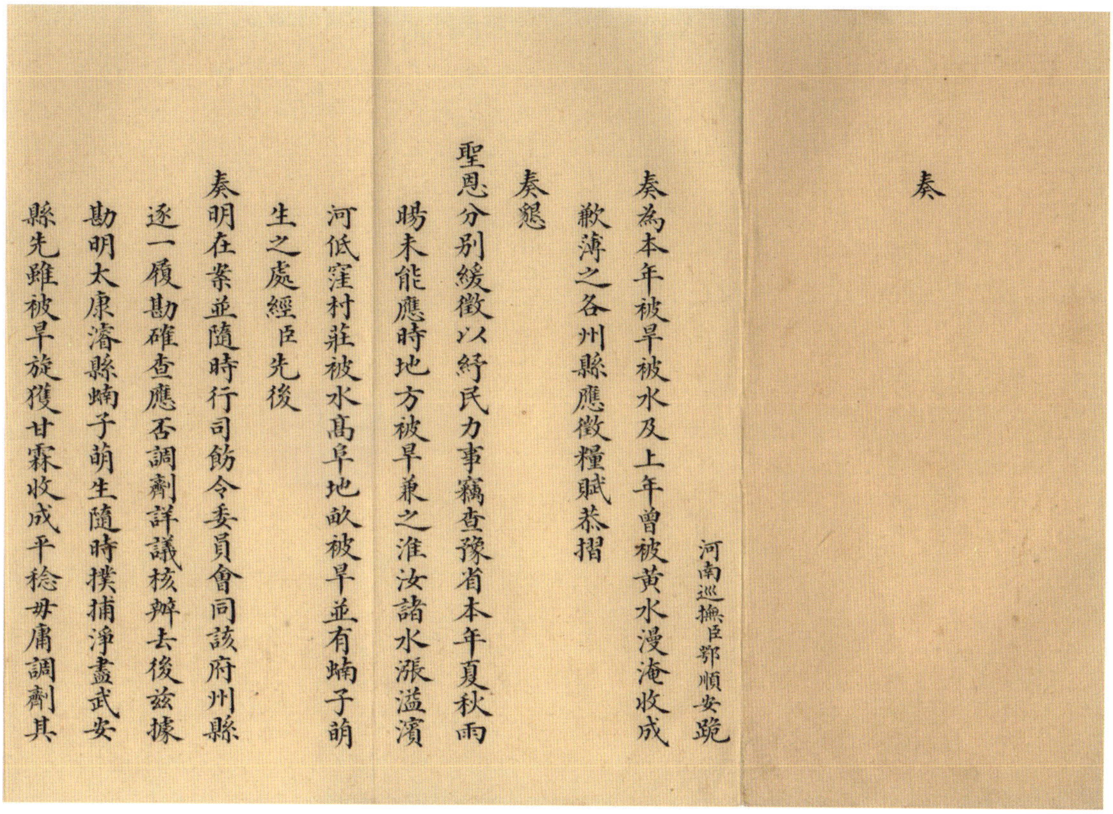
奏

河南巡撫臣鄂順安跪

奏爲本年被旱被水及上年曾被黄水漫淹收成

歉薄之各州縣應徵糧賦恭摺

奏懇

聖恩分别緩徵以紓民力事竊查豫省本年夏秋雨

暘未能應時地方被旱兼之淮汝諸水漲溢濱

河低窪村莊被水高阜地畝被旱並有蝻子萌

生之處經臣先後

奏明在案並隨時行司飭令委員會同該府州縣

逐一履勘確查應否調劑詳議核辦去後兹據

勘明太康濬縣蝻子萌生隨時撲捕淨盡武安

縣先雖被旱旋獲甘霖收成平稔毋庸調劑其

永城息縣二縣被水安陽縣被水被旱湯陰臨
漳林縣涉縣内黄延津獲嘉武陟等八縣被旱
雖據勘明並不成災民力實形竭蹷至祥符陳
留杞縣通許尉氏中牟鹿邑睢州太康扶溝陽
武等十一州縣連被黄水災祲之餘閭閻元氣
未復商邱柘城夏邑孟縣原武等五縣歷年積
歉本年收成甚薄所有未完本年並道光二十
年以後錢漕等項分别緩徵由藩司張日晸糧
道庚長會詳請
奏前來臣覆加查核均係實在情形合無仰懇
天恩俯准將永城縣樊家集等處二百二十七村莊
本年及二十四年丁耗加價照常徵收外其原
緩帶徵之二十一二十二二十三等年丁耗加
幫價俱請緩至二十六年麥後各按最先年分
每年帶徵一年息縣被淹歉收之回滹等十二
里本年下忙錢糧照常徵收外所有原緩道光
二十一年並未完二十三二十四等年丁耗加
價展緩至二十六年麥後按最先年分每年帶

徵一年安陽縣被旱較重之石貫村等四十二
村莊並被水之雷髙利等十村莊應徵新舊錢
漕加幫各價一併緩至二十六年麥後秋後分
別啟徵其被旱較輕之清正村等十四村莊本
年漕糧照常催徵外所有未完新舊丁耗加幫
各價及舊欠漕糧漕項應請緩至二十六年麥
後秋後分别啟徵其被旱最輕之南市肚等六
十一村莊本年錢漕加幫各價照常催徵外所
有未完舊欠錢漕加幫各價應請緩至二十六
年麥後秋後分别啟徵其各村莊原緩二十三
年以前錢漕加幫價等項應請一併展至二十
六年麥後秋後按最先年分帶徵一年湯陰縣
本年及二十四年應徵丁耗糧漕加幫各價照
常徵收外所有帶徵二十三年丁耗加幫價二
十一二十三等年漕糧並原緩二十一二十二
等年丁耗二十一二十二二十三等年加幫價
遞展至二十六年麥後秋後按最先年分每年
帶徵一年臨漳縣被旱較重之大漳集等十八

村莊應徵本年丁耗漕糧漕項加方各價請緩至二十六年麥後秋後分别啟徵其帶徵二十一二十二二十三二十四等年丁耗加幫價漕糧漕項俱緩至二十六年麥後秋後按最先年分帶徵一年其被旱較輕之賈家村等五十四村莊與收成歉薄之岡陵城等三百七十九村莊情形相等除應徵本年丁耗漕糧漕項加方價照常徵收外所有帶徵二十一二十二二十三二十四等年丁耗漕糧漕項加幫價一併展緩至二十六年麥後秋後按最先年分每年帶徵一年林縣受旱較重之南曲陽等二十九村莊除舊欠丁耗加幫各價照常徵收外所有未完道光二十五年丁耗加幫價漕糧緩至二十六年麥後秋後啟徵其受旱較輕之劉家圪道等七村莊除未完新舊丁耗加幫各價照常徵收外所有應徵二十五年漕糧緩至二十六年秋後啟徵涉縣被旱較重之更樂等八村莊本年錢漕加幫價緩至二十六年麥後秋後啟徵

被旱次重之偏涼村等十三村莊除本年錢糧加幫價照常徵收外本年漕糧緩至二十六年秋後啟徵其得有偏雨之石泊村等七村莊本年漕糧照常徵收本年丁耗錢糧加幫價俱緩至二十六年麥後啟徵以上二十八村莊未完二十一二十二二十三二十四等年加幫各價俱緩至二十六年麥後按最先年分每年帶徵一年內黃縣被旱較重之西同住等四十四村莊本年應徵丁耗加幫價照常徵收外所有本年漕糧及帶徵二十四年丁耗加幫價緩至二十六年麥後秋後分别啟徵其被旱稍輕之北羊村等八村莊應徵本年及帶徵二十四年丁耗加幫價照常徵收外所有本年漕糧應請緩至二十六年秋後啟徵其各村莊原緩道光二十一二十二二十三二十四等年漕糧加幫價展緩至二十六年麥後秋後各按最先年分每年帶徵一年延津縣被旱之梨園等一百二十六村莊未完本年丁耗加幫價裁扣緩至道光

二十六年麥後啟徵其原緩之二十一二十二二十三二十四等年丁耗加幫價裁扣均請緩至道光二十六年麥後各按最先年分每年帶徵一年獲嘉縣被旱較甚之南牌等六十六村莊應徵本年漕米麥豆徵運十分之五下餘一半請緩至二十六年秋後帶徵武陟縣本年糧賦及帶徵丁耗加幫價照常徵收外所有維一等里張保安等八十二村莊本年應行帶徵之二十一年分漕糧請展緩至二十六年秋後啟徵祥符縣上年未經被水之成熟村莊應徵本年錢漕加價等項照常徵收外所有被災各村莊應徵新舊錢漕加價俱緩至道光二十六年秋後分別啟徵又因災蠲剩分年帶徵歷年舊欠錢漕加價等項仍照原案展緩至道光二十六年秋後挨次帶徵陳留縣上年勘不成災村莊應徵本年及帶徵二十四年錢漕加價等項照常徵收外所有應行帶徵二十一二十二二十三等年並上年成災五分村莊應徵本年及

歷年停緩錢漕加價等項均請緩至二十六年秋後分別啟徵杞縣本年秋後應帶徵二十一年成熟村莊丁耗漕糧漕項加價請照原案於本年秋後隨同本年應徵新賦照常徵收外其餘成熟村莊本年秋後帶徵之二十二年丁耗漕糧漕項加價民借口糧倉穀等項請展緩至二十六年秋後帶徵其原緩至本年秋後按最先年分每年帶徵一年蠲剩分年帶徵之二十一二十三二十四等年並毗連災區原緩至本年秋後帶徵之二十三二十四等年丁耗漕糧漕項加價倉穀籽種口糧等項各照原案展緩至道光二十六年秋後按最先年分每年各帶徵一年通許縣本年丁耗加價漕糧漕項照常徵收外所有本年應帶徵二十一二十二二十三二十四等年丁耗加價漕糧漕項等款各照原案年分挨次展緩至二十六年秋後按照最先年分每年帶徵一年所有舊欠各年加價並歷年民借倉穀籽種口糧銀穀均請展緩至道

光二十六年秋後按最先年分每年各帶徵一
年尉氏縣上年被災地畝間有沙壓應徵本年
漕米麥豆徵運八分餘下餘漕糧請緩至二十
六年秋後啟徵桃莊大槐樹等三百六十七村
莊應徵本年漕項丁耗加價等項照常徵收外
所有帶徵二十三年丁耗加價漕糧漕項緩至
二十六年麥後秋後仍照原案分年帶徵其帶
徵二十四年丁耗加價漕糧漕項緩至二十七
年麥後秋後亦照原案分二年帶徵其上年未
經被災之大營集等一百六十六村莊民力稍
紓請將應徵本年丁耗加價及帶徵二十三年
漕糧漕項丁耗加價照常徵收所有應帶徵二
十四年錢漕加價均於二十六年麥後秋後一
年帶徵其未完舊欠二十一二十二等年丁耗
加價請緩至二十六年麥後各按最先年分每
年帶徵一年中牟縣上年未經被災各村莊應
徵本年錢漕加價及應行帶徵二十四年丁耗
加價漕糧漕項照常徵收外所有應行帶徵二

十三年漕糧漕項及原緩歷年丁耗加價漕糧
同該縣上年被災各村莊應徵本年錢漕加價
及例應分年帶徵原緩歷年錢漕加價酌借籽
種口糧等項俱遞緩至二十六年麥後秋後按
限分年啟徵鹿邑縣本年丁耗加價漕項並原
緩本年秋後帶徵最先之二十一年蠲剩丁耗
照常徵收外所有本年及二十六七等年帶徵
之道光二十一二十二二十三二十四等年丁
耗漕項籽種口糧借領俸工河夫驛站廉費並
二十一二十二二十三二十四等年加價等項
展緩至道光二十六年秋後各照原案分年按
最先年分挨次遞緩每年帶徵一年睢州本年
丁耗加價漕糧漕項及帶徵二十一年漕糧照
常徵收外所有本年秋後帶徵二十三年熟地
及二十四年毗連災區榆廂等社錢糧加價灘
租並二十三二十四等年漕糧漕項展緩至道
光二十六年秋後啟徵原限道光二十六年帶
徵二十一二十三二十四等年漕糧漕項展緩

至二十七年秋後啟徵又二十五年秋後帶徵
二十四年災地錢糧並二十三二十四等年加
價灘租均展緩至二十六年秋後啟徵原限二
十六年帶徵二十四年錢糧二十二年灘租及
原緩各年錢糧各案加價灘租二十一二十二
等年借領倴工均展緩至道光二十七年秋後
按最先年分各帶徵一年至歷年出借常漕等
倉穀石俟二十六年秋後察看情形再行徵還
太康縣本年應徵新賦及分年帶徵二十一年
錢糧漕糧漕項加價並二十三年漕米俟秋後
依限啟徵外所有原緩二十五年秋後帶徵之
二十二年丁耗加價並因災借領倴工及二十
五年秋後帶徵之蠲剩二十三年分三年帶徵
丁耗加價漕項並因災借領倴工又二十五年
秋後啟徵二十四年緩徵丁耗加價及漕糧漕
項並二十五年秋後帶徵之蠲剩二十四年分
二年帶徵丁耗及因災借領倴工等款一併緩
至道光二十六年麥後秋後按照原緩挨次帶

徵一年至二十二年春借籽種口糧並二十四年春借口糧亦請緩至二十六年麥後徵還扶溝縣本年丁耗加價漕糧依限徵收外所有原緩道光二十一二十二等年丁耗加價漕糧並因災蠲剩分年帶徵二十三二十四等年丁耗加價漕糧漕項及歷年民欠加價倉穀均請展緩至道光二十六年秋後按最先年分帶徵陽武縣穆莊等村莊應完本年並帶徵歷年錢漕加幫價均請緩至二十六年麥後秋後各按最先年分帶徵一年商邱縣本年丁耗漕糧加價照常徵收外所有未完道光二十四年丁耗加價並原緩之二十一二十二二十三等年丁耗加價均請緩至二十六年麥後各按最先年分每年帶徵一年柘城縣本年丁耗加價漕項及帶徵二十三二十四等年丁耗加價照常徵收外所有民欠未完二十一二十二等年丁耗加價請緩至二十六年秋後各按最先年分每年帶徵一年夏邑縣本年新賦照常徵收外所有

民欠道光二十四年並原緩之二十一二十二
二十三等年丁耗裁扣加價土方挑挖溝河等
項均請緩至二十六年麥後各按最先年分每
年帶徵一年孟縣伍化工等二十三村莊沙壓
河佔地畝應徵本年丁耗漕糧加幫價並原緩
道光二十一二十二二十三二十四等年丁耗
漕糧加幫價請展緩至二十六年麥後秋後分
別啟徵仍俟地畝勘定果否不堪耕種另行詳
辦原武縣本年丁耗糧漕加價灘租並未完二
十四年丁耗糧漕加價照常徵收外所有帶徵
民欠道光二十三年錢糧加價請緩至二十六
年麥後啟徵其原緩二十一二十二等年丁耗
及護城隄漳沁等工幫價銀兩均請緩至二十
七年麥後各按最先年分每年帶徵一年俾民
力悉臻寬裕感沐
皇仁實無既極除飭分晰造具緩徵各款數目清冊
另行具
題外理合恭摺具

奏伏乞
皇上聖鑒訓示再上年原緩案內尚有蘭儀虞城濬
縣封邱考城項城等縣本年未據請緩並原武
縣涸復支河淹佔地畝所有應行分年帶徵二
十年以前錢漕加幫價等項現歸豁免案內查
辦其二十一年以後原緩年款應以二十一年
為最先年分統於二十六年麥後秋後為始按
最先年分分別啟徵又武陟縣原緩至二十七
年麥後啟徵之二十一年丁耗加幫價亦應提
至二十六年麥後啟徵合併陳明謹
奏

另有旨

道光二十五年十月　二十三　日

九〇九

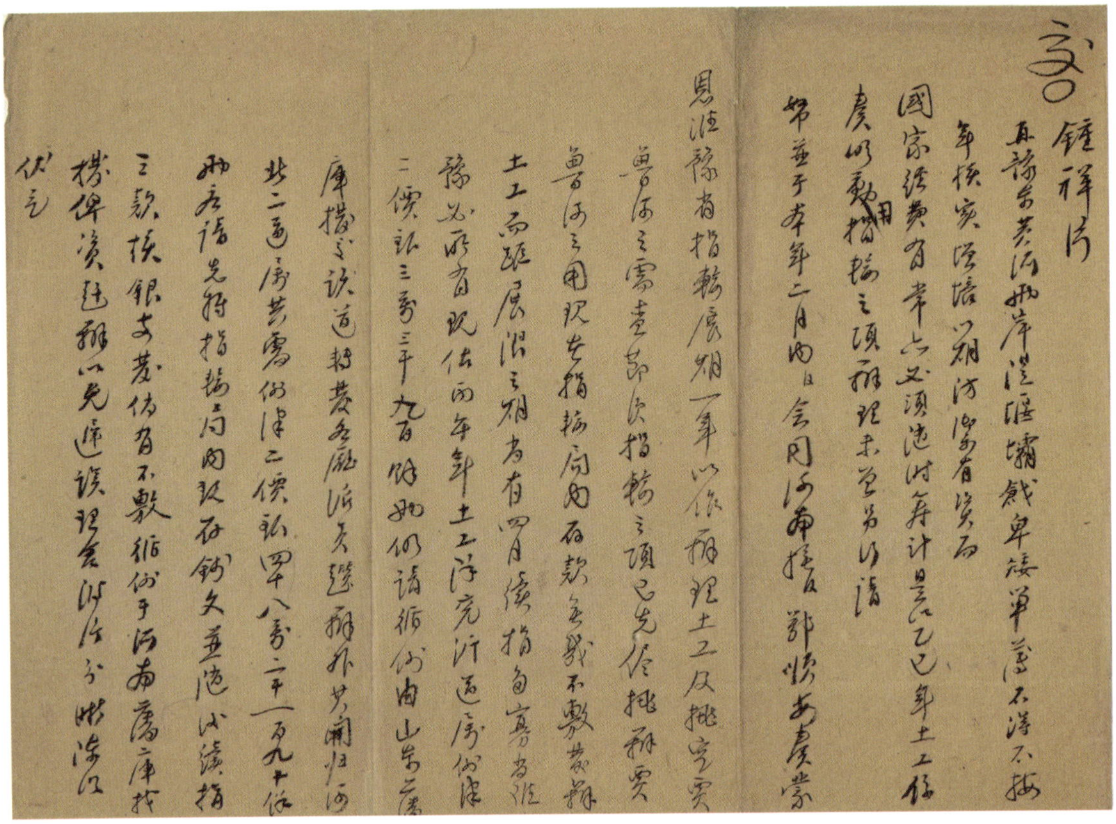

錄

鍾祥片

再豫省黄河兩岸隄堰埽戧卑矮單薄，不得不按
年培築，以期防護有資。而
國家經費有常，亦必須通融籌計。是以己巳年土工係
奏明動用捐輸之項辦理，未至另行請
帑。並于本年二月內會同河南撫臣鄭悛安奏蒙
恩准豫省捐輸展限一年，以備辦理土工及挑空要
工之需。查節次捐輸之項，已先後挑辦要
工之用，現在捐輸局內存款無幾，不敷撥辦
土工。而豫省展限之期，尚有四月，續捐自屬有限。
豫省所有現估兩年歲土工，除兗沂道屬係
二價銀三萬三千九百兩，照例請循例由山東藩
庫撥給，該道轉發各廳，循照辦外。其開歸、河
北二道屬共需例價二價銀四萬八千二百九十兩
兩。應請先將捐輸局內現存錢文並隨收續捐
之款換銀支發，仍有不敷，循例于河南藩庫撥
撥，俾資趕辦，以免遲誤。理合附片分晰陳明，伏
乞

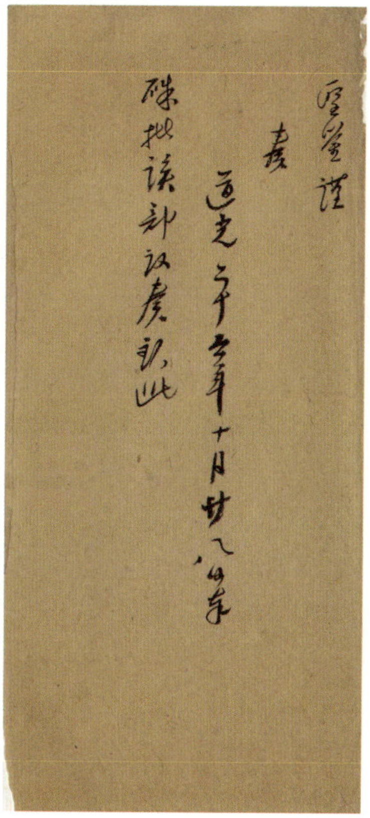

聖鑒謹
奏
道光六年十月廿八日奉
硃批該部議奏欽此

九一〇

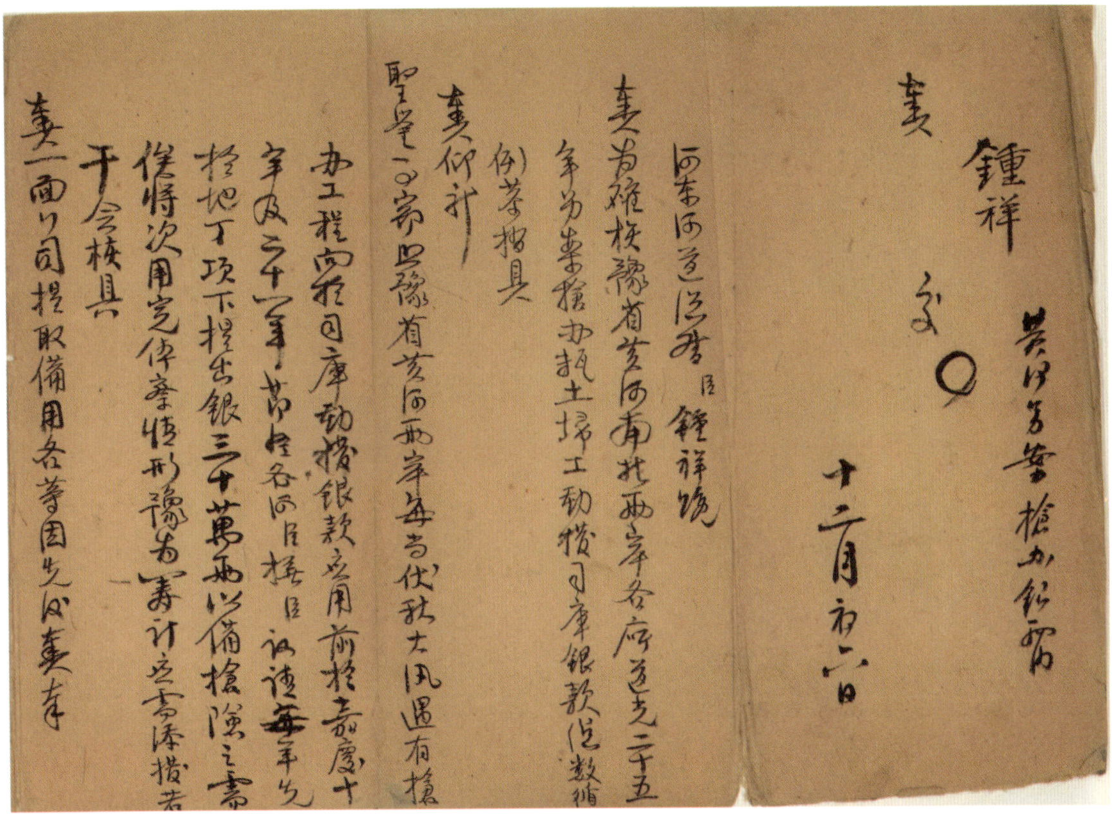

鍾祥　黃河另案搶辦銀兩

奏

十二月初六日

河東河道總督臣鍾祥跪

奏為籌撥豫省黃河南北兩岸各廳道光二十五年另案搶辦秸土埽工動撥司庫銀款照數循

例籌撥具

奏仰祈

聖鑒事。竊照豫省黃河兩岸每當伏秋大汛遇有搶

辦工程向於司庫動撥銀款應用，前於嘉慶十

年及二十四年節經各河臣暨臣認請每年先

於地丁項下提出銀三十萬兩，以備搶險之需，

俟將次用完，仍察看情形預為籌計應需添撥若

干，會核具

奏，一面行司提取備用，各等因先後奏奉

諭旨允准欽遵其道庫改墊不敷銀兩俟霜降後奏撥還
款歷經管道辦在案本年大河來源節次長水
尺寸並兩岸各廳搶辦抛土埽工情形均經臣
隨時
奏明其例撥銀三十萬兩除辦石銀四萬兩外僅
於奏伏二汛先經支用全完復於七月內
奏准添撥銀二十五萬兩撥備應用所有南北兩
岸各廳另案搶辦抛土埽工經臣確核減准另
將奏送清單除歸河一所未辦另案抛埽工外
計豫省兩岸十二廳實用銀一百二萬六千
一十九兩九錢四分九釐內除動用十七年存工
抛值銀二千九百三十八兩五錢九分二十一年
存工抛值銀二千一百九十七兩六分二釐二
十二年存工抛值銀二千三百五十八兩五
錢二分六釐二十三年存工抛值銀五千四百
二十一兩五錢八分三釐二十四年存工稭值
銀九千三百一十兩又存工歲稭值例價銀三
千六百四十三兩六錢六分又存工歲麻值加

價銀一萬四千八百三十六兩六錢九分五厘
又存工執估銀五千九百六十兩三錢六分一
厘又補購六年四年未辦執估銀三百八十兩
五錢計攬用司庫料價銀三萬五千兩歲麻加
價銀二萬九千五百八十五兩四錢三分三厘
又例撥添撥防險銀隆上年
奏准豫省搶險加石銀四萬兩另歸石工案內
造報外實歸執土埽工用銀五十一萬兩共撥
道司庫銀五十七萬四千五百八十五兩四錢
三分三厘除於修案內動用料價銀一千八百
一十七兩三分五厘又購葦估銀二千一百六十
八兩二錢一分七厘均另歸於修案內報銷並
現在兩岸各廳用存秸料估銀三萬五千三百
五十兩又用存執埧估銀二千五百二十七兩
七錢八分六厘有料執時工外應找撥不敷銀
四十四萬六千二百五十一兩五錢七分七厘
用符奏案所有庫款謹循例會同護理河南
撫臣 陳日晟恭摺具

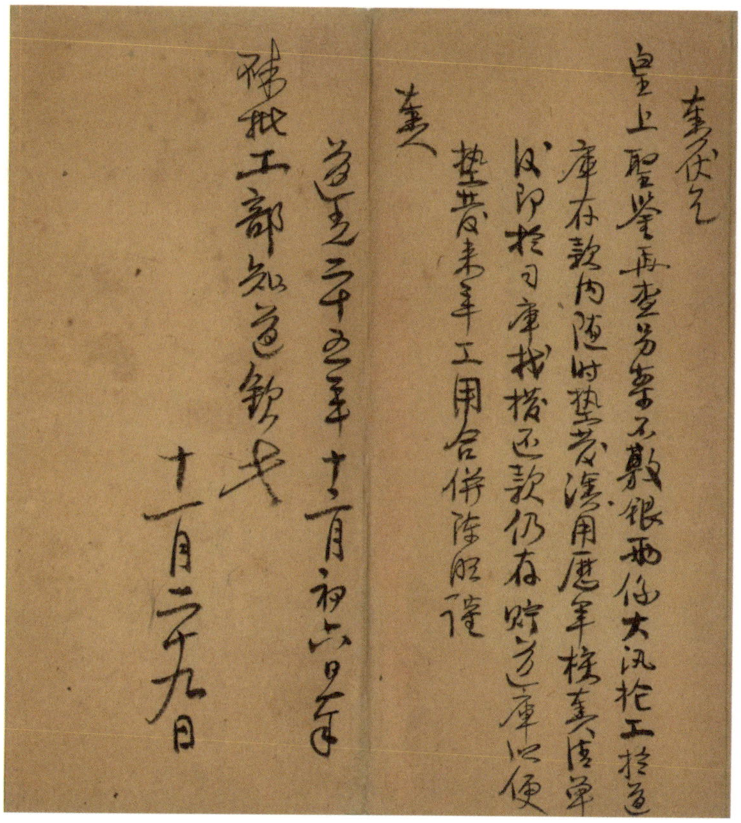

奏伏乞

皇上聖鑒再查另案不敷銀兩係大汛搶工於道

庫存款內隨時墊發濟用歷年核實造單

以即於司庫找撥還款仍存貯道庫以便

墊發來年工用合併陳明謹

奏

道光二十五年十一月初六日奏

硃批工部知道欽此

十一月二十九日

九二一

奏

河東河道總督臣鍾祥跪

奏為確覈豫省黃河南北兩岸各廳道光二十五年另案搶辦甎土埽工動撥司庫銀款總數循例恭摺具

奏仰祈

聖鑒事竊照豫省黃河兩岸每當伏秋大汛遇有搶辦工程向於司庫動撥銀款應用前於嘉慶十年及二十一年節經各河臣撫臣議請每年先於地丁項下提出銀三十萬兩以備搶險之需俟將次用完體察情形豫為籌計應需添撥若干會覈具

奏一面行司提取備用各等因先後奏奉

諭旨允准欽遵其道庫所墊不敷銀兩係霜後奏撥還
款歷經遵辦在案查本年大河來源節次長水
尺寸並兩岸各廳搶辦甎土埽工情形均經臣
隨時
奏明其例撥銀三十萬兩除辦石銀四萬兩外餘
於春伏二汛先經支發全完復於七月内
奏准添撥銀二十五萬兩接濟應用所有南北兩
岸各廳另案搶辦甎土埽工經臣確覈減准另
摺奏送清單除歸河一廳未辦另案甎埽工外
計豫省兩岸十二廳實用銀一百二萬六千一
十九兩九錢四分九釐内除動用十七年存工
甎值銀二千九百三十八兩五錢九分二十一
年存工甎值銀二千一百九十六兩六分二釐
二十二年存工甎值銀二千三百五十八兩五
錢二分六釐二十三年存工甎值銀五千四百
二十一兩五錢八分三釐二十四年存工稭值
銀九千三百一十兩又存工歲稭值例價銀三
千六百四十三兩六錢六分又存工歲麻值加

價銀一萬四千八百三十六兩六錢九分五釐又存工甎值銀五千九百六十兩三錢六分一釐又補購二十四年未辦甎值銀三百八十兩五錢計撥用司庫料價銀三萬五千兩歲麻加價銀二萬九千五百八十五兩四錢三分三釐又例撥添撥防險銀除上年

奏准豫提撥發辦石銀四萬兩另歸石工案內造報外實歸甎土埽工用銀五十一萬兩共撥過司庫銀五十七萬四千五百八十五兩四錢三分三釐除搶修案內動用料價銀一千八百一十七兩三分五釐又購葦值銀二千一百六十八兩二錢一分七釐均另歸搶修案內報銷並現在兩岸各廳用存稭料值銀三萬五千三百五十兩又用存甎塊值銀二千五百二十七兩七錢八分六釐有料甎貯工外應找撥不敷銀四十四萬六千二百五十一兩五錢七分七釐用符奏案而清庫款謹循例會同護理河南撫臣張日晸恭摺具

奏伏乞

皇上聖鑒再查另案不敷銀兩係大汛搶工於道庫

存款內隨時墊發湊用歷年彙奏清單後即於

司庫找撥還款仍存貯道庫以便墊發來年工

用合併陳明謹

奏

工部知道

道光二十五年十一月　二十九　日

再本年六月内臣會同撫臣鄂順安具
奏驗收中河廳善後各工完竣摺内附陳由道稟
准添辦碎石三千方實貯大壩及東圈堰一帶
備防嗣因東大壩前托頭二壩新鑲埽段着重
節次抛護將前項碎石三千方全行動用現歸
石工案内造報所有此項石方價銀二萬三千
六百八十八兩係於開歸道庫存款内墊發採
辦應由司庫撥還以清庫款理合附片陳明伏
乞
聖鑒謹
奏

該部知道

九一二

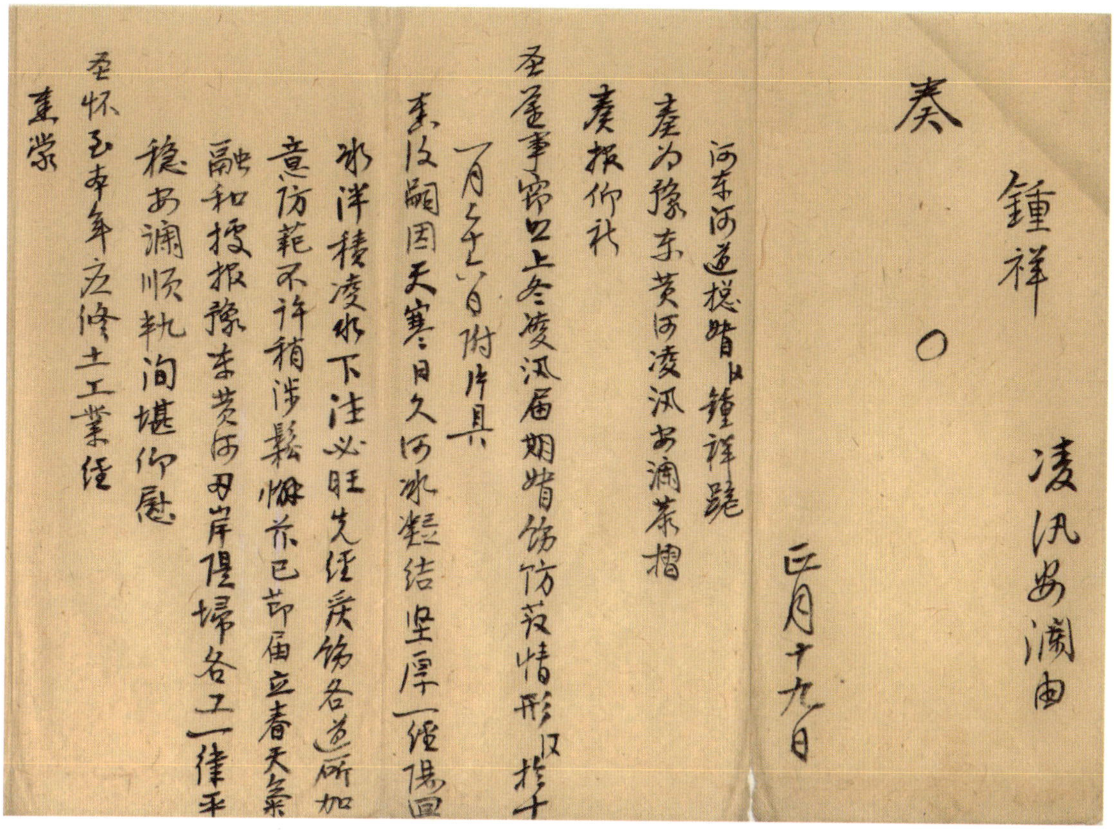

奏

鍾祥 〇 凌汛安瀾由

正月十九日

河東河道總督臣鍾祥跪

奏為豫東黄河凌汛安瀾恭摺

奏報仰祈

聖鑒事竊照上冬凌汛届期當飭防範情形已於十

月二十日附片具

奏嗣因天寒日久河冰凝結堅厚一經陽回

冰泮積凌冰下注必旺先經嚴飭各道所加

意防範不許稍涉鬆懈茲已節届立春天氣

融和據報豫東黄河兩岸隄埽各工一律平

穩安瀾順軌洵堪仰慰

聖懷至本年應修土工業經

[illegible]

恩准現值春融之時及時興辦已按興工程通行
各道轉飭承修各廳將舊堤如式堅築不任草
率遴派各廳採辦歲搶稭料為修防根本先
於上冬疊札嚴飭堆垛務須堅整並委在工
奉旨之內閣候補中書吳吉昌候補主事夔
達戶部候補主事莊縉度前往兩岸周歷
查催各該所購辦料物當屬整齊均於年前依
限報竣其各所分辦碎石先經赴山趕辦因
大河冰凍暫停船運現已冰泮飭令添僱船
隻迅速採運務期趕早堆齊以資備防及
俟嚴催運河挑工將次完竣即將黃河兩岸
各廳歲搶稭料分别查驗督辦另容次第具
奏所有豫東黃河凌汛安瀾緣由理合恭摺具
奏伏乞
皇上聖鑒謹
奏
道光二十六年正月十九日奉
硃批知道了欽此
正月十二日

九一三

奏

江南河道總督臣潘錫恩跪

奏為核明道光二十四年冬江境黃河各廳鑲做禦水埽工動用錢糧循例開單恭摺具

奏仰祈

聖鑒事竊照道光二十四年霜降後豫省堵築中牟大工挽黃歸正江境自桃南北以上至豫東交界豐蕭二廳止兩岸隄長一千餘里有工之處埽墻鱗立雖於二十三年冬間禦水案內擇要估鑲而自春徂秋料質發扁風雨摧殘復形蟄矮其未經估鑲之處自黃水斷流一載有餘舊埽朽塌更甚應分別拆補加鑲俾資抵禦據該管各道確估造冊稟送經臣覆勘核減飭令各

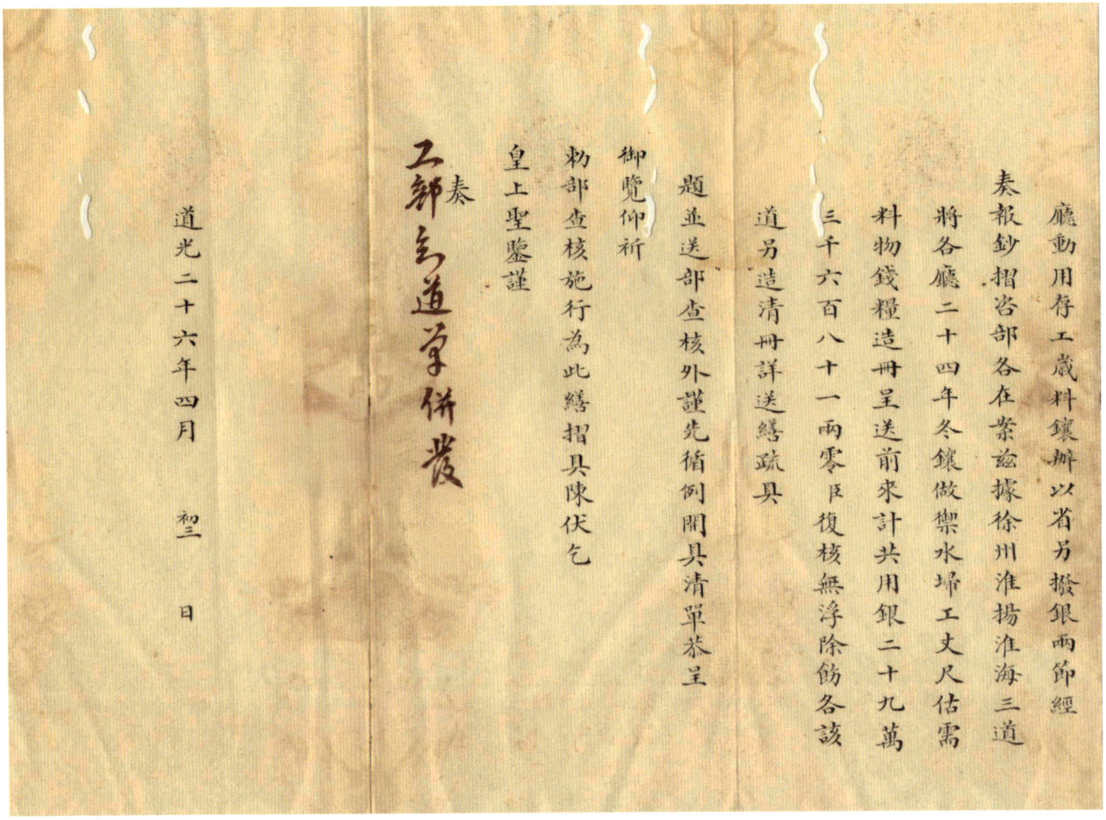
廳動用存工歲料鑲辦以省另撥銀兩節經
奏報鈔摺咨部各在案茲據徐州淮揚淮海三道
將各廳二十四年冬鑲做禦水埽工丈尺估需
料物錢糧造冊呈送前來計共用銀二十九萬
三千六百八十一兩零臣復核無浮除飭各該
道另造清冊詳送繕疏具
題並送部查核外謹先循例開具清單恭呈
御覽仰祈
勅部查核施行為此繕摺具陳伏乞
皇上聖鑒謹
奏
工部知道單併發
道光二十六年四月 廿三 日

九一四

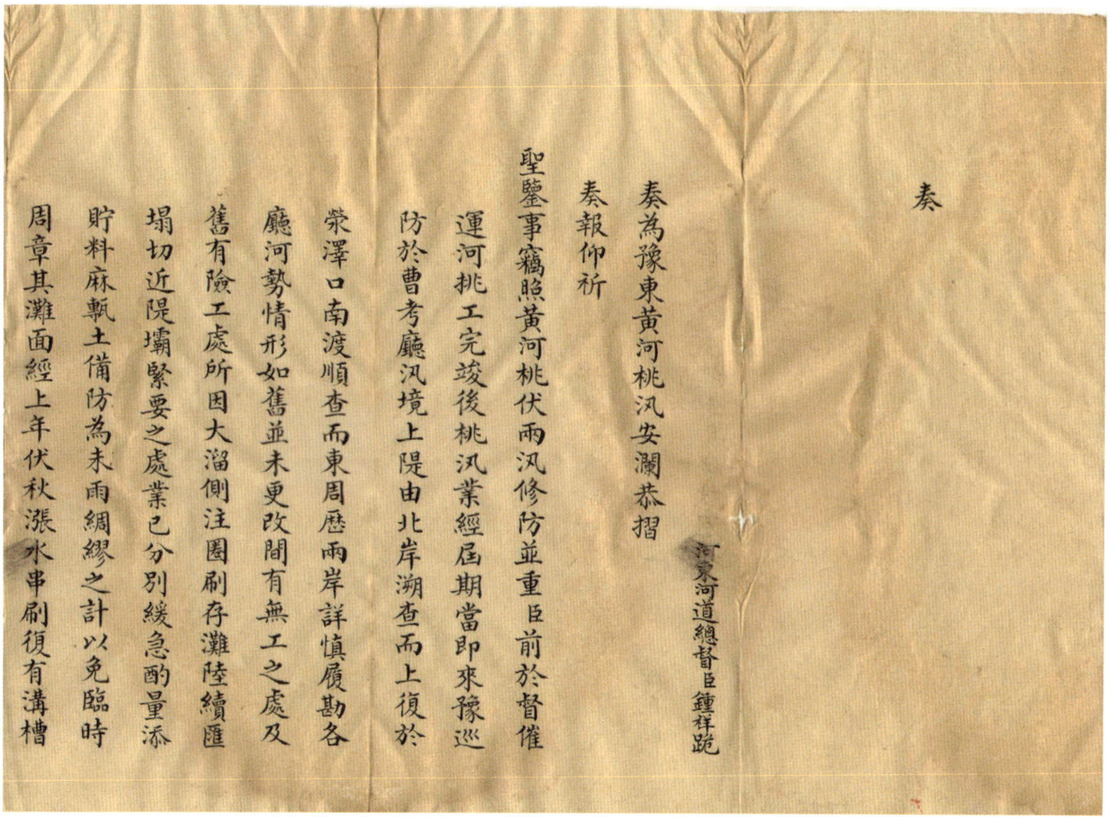

奏

河東河道總督臣鍾祥跪

奏為豫東黄河桃汛安瀾恭摺

奏報仰祈

聖鑒事竊照黄河桃伏兩汛修防並重臣前於督催

運河挑工完竣後桃汛業經屆期當即來豫巡

防於曹考廳汛境上隄由北岸溯查而上復於

滎澤口南渡順查而東周歷兩岸詳慎履勘各

廳河勢情形如舊並未更改間有無工之處及

舊有險工處所因大溜側注圈刷存灘陸續匯

塌切近隄壩緊要之處業已分别緩急酌量添

貯料麻甎土備防為未雨綢繆之計以免臨時

周章其灘面經上年伏秋漲水串刷復有溝槽

之處仍酌築土格編栽柳壩攔截以杜隱患中牟大壩河勢仍由西北斜注東南托頭二壩着溜喫重各該壩於上年伏秋汛內節經裹鑲埽段拋護碎石以資抵禦現又酌添碎石以備汛漲加拋之用可保無虞惟大壩身本係稭料鑲築經歷年餘稭質朽腐上邊埽現多蟄矮新工關係至為緊要亟應加鑲高整該廳雖有額辦歲儲而各堡舊工埽段綿長應留備三汛鑲修之需未便先儘上邊埽動用致有缺乏臣與該管開歸道陶福恒詳察形勢悉心籌商不得不酌添料物責成該道督飭廳營將上邊埽趕緊加鑲追壓大土務期一律鞏固俾大汛盛漲抵禦有資固不任稍涉大意亦不准藉滋糜費總須用省得當工臻穩實至黃河來源據陝州呈報萬錦灘於三月十二日午時陡長水二尺五寸下注各廳報長水一二尺餘寸不等暢達東趨旋即見消現距大汛雖遠而本年黃河各路來源長水大小難以豫定河防機要全賴豫籌

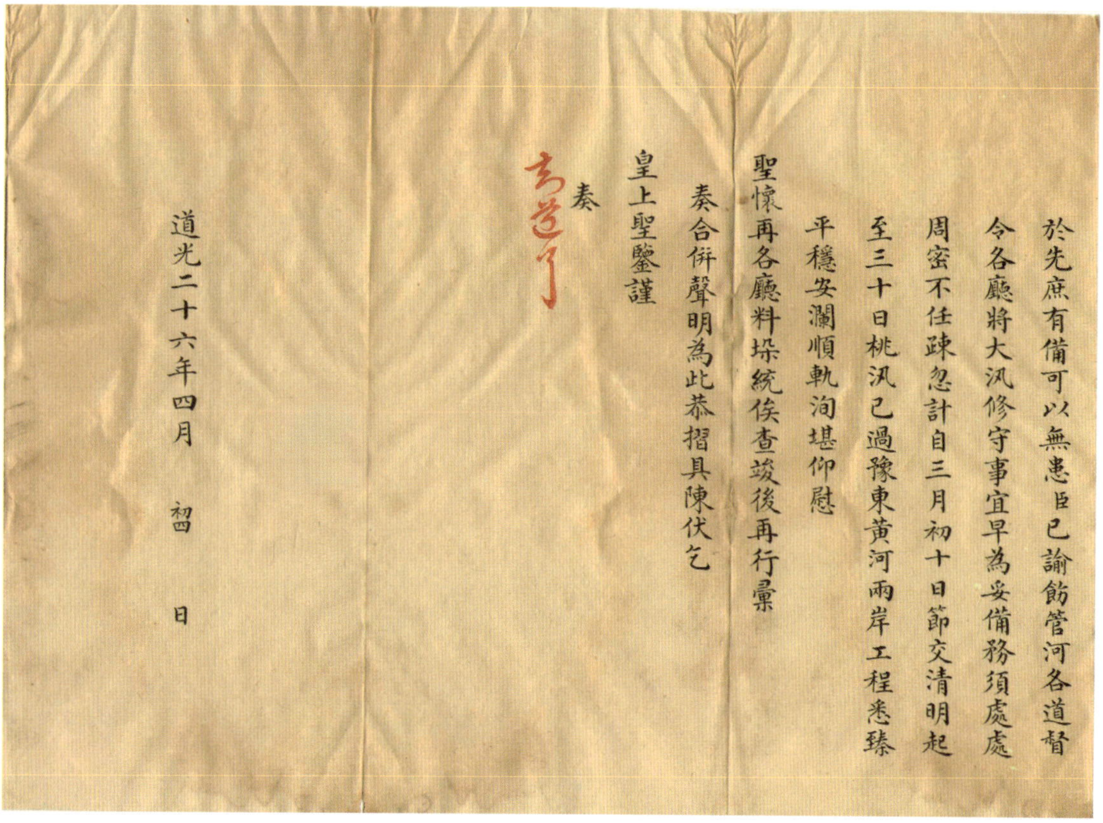
於先庶有備可以無患臣已諭飭管河各道督
令各廳將大汛修守事宜早為妥備務須處處
周密不任疎忽計自三月初十日節交清明起
至三十日桃汛已過豫東黄河兩岸工程悉臻
平穩安瀾順軌洵堪仰慰
聖懷再各廳料垛統俟查竣後再行彙
奏合併聲明為此恭摺具陳伏乞
皇上聖鑒謹
奏
知道了
道光二十六年四月 初四 日

九一五

奏

河東河道總督臣鍾祥跪

奏為查驗黃河各廳料垛完竣並勘估春鑲督催

土工情形恭摺具

奏仰祈

聖鑒事竊照黃河各廳每年承辦歲添料物為三汛

修守要需堆垛必須結實方與河防有裨上冬

發辦之初即值雪澤頻霑道途泥濘採運費力

當經臣疊札嚴飭設法趕購不准藉詞延緩嗣

幸天氣寒冷溼土凍結轉可通車是以購辦尚

屬迅速均於年前依限堆齊惟稭料係堆積於

隄壩之上向有門垛並跨坦順坡堆貯之垛俱

限於地勢之不得不然臣訪聞從前辦料有門

垛高大坦垛或有虚鬆是以此次到工無論門
垛坦垛逐廠細細查驗每到一廳先點數目次
量丈尺并隨指拆秤以觔計束以束計堆尚無
虚鬆短少情弊其上年用賸稭垛先於霜後查
明另廠堆貯新舊一目了然未能牽混麻觔積
土亦點驗無虧至各廳分辦甎石原限桃汛内
全完已據陸續具報辦竣臣順道查驗均尚足
數間有承辦較多及船運上挽之處未曾堆齊
者仍飭上緊趕運完報另容驗收附
奏又臨黄埽段經歷三冬或新埽秫稭發霉或舊
埽溜刷殘朽每年應於春間分别拆補加鑲備
禦汛漲先據各該廳估計由道勘減請修前來
均經批飭俟驗料後興辦兹臣挨廳按冊復勘
估辦尚屬合宜料已驗收即飭照估妥為鑲修
務期抵禦得力至兩岸長隄為生民保障仰蒙
皇上不惜帑金歲歲增培務當一律認真堅築以期
歷久鞏固臣節經嚴札廳營汛弁遵照舊章薄
坯重硪如式趲辦今復按工諄諄面諭各工員

俾知奮勉現在牽計已辦有五六分工程統俟嚴催全竣覈實查驗如有草率偷減之處一面押令翻築一面從嚴參懲不稍姑容以仰副

聖主重工衛民之至意所有查驗料垛完竣並勘估

春鑲督催土工各緣由理合恭摺具

奏伏乞

皇上聖鑒再臣現已回濟料理迎漕催趲事宜合併陳明謹

奏

知道了

道光二十六年四月　初九　日

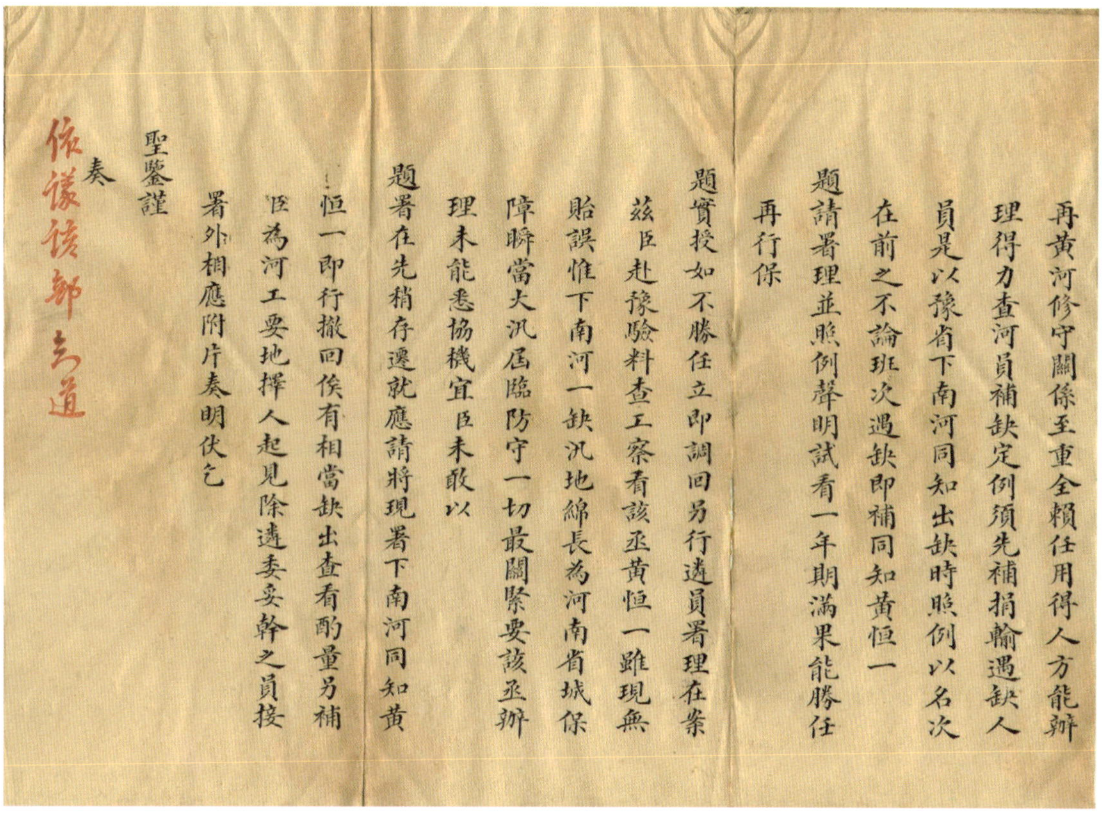

再黃河修守關係至重，全賴任用得人方能辦理得力。查河員補缺定例，須先補捐輸遇缺人員，是以豫省下南河同知出缺時，照例以名次在前之不論班次遇缺即補同知黃恒一
題請署理，並照例聲明試看一年，期滿果能勝任，
再行保
題實授，如不勝任，立即調回，另行遴員署理在案。兹臣赴豫驗料查工，察看該丞黃恒一雖現無貽誤，惟下南河一缺汛地綿長，為河南省城保障，瞬當大汛屆臨，防守一切最關緊要，該丞辦理未能悉協機宜，臣未敢以
題署在先，稍存遷就，應請將現署下南河同知黃恒一即行撤回，俟有相當缺出，查看酌量另補。臣為河工要地擇人起見，除遴委妥幹之員接署外，相應附片奏明，伏乞
聖鑒。謹
奏。

依議，該部知道。

九一六

奏

江南河道總督臣潘錫恩跪

奏爲恭報黄河伏汛安瀾各工修守平穩並洪澤

湖水增長加謹籌防情形仰祈

聖鑒事竊臣前將節交初伏籌備防守緣由具

奏在案嗣疊據河南武陟縣呈報沁河於閏五月

十三日長水二尺三寸二十三日長水二尺四

寸復於二十六日戌刻至二十七日辰刻接長

一丈一尺一寸六月初三四日又長三尺五寸

並據陝州馳報萬錦灘黄河六月初五日長水

二尺三寸初七日續長三尺綜計自前月下旬

以後半月之閒沁黄兩路共長至二丈二尺有

奇來源之旺實所罕覯兼之大雨連旬坡水匯

注是以江境河水甫消復長外南廳順黄壩誌椿積存至三丈七尺一寸流行湍急異常溜勢提移不定險工疊生如銅沛廳小店汛兵十四堡睢南廳王家堂汛蔡家馬頭壩檔郢北廳五工頭汛兵一堡工頭宿南廳蔡家樓汛駱家莊桃北廳黄家嘴汛孫平莊工頭俱係淤閉舊埽因溜復趨注先後刷塌間有潰及無工處所桃南廳龍窩汛袁家道口埽工亦淤閉多年被溜刷出朽底匯淨碎石掣卸又外北廳北岸汛宋家莊迤上海防廳童營汛七堡工上首海阜廳仁和汛張家莊埽工迤下向皆無工緣水長溜卧存灘塌盡情形均屬緊要所幸先經籌備料物應手當飭該管道將督率廳營分投搶鑲新埽長五十餘丈至一百三十餘丈不等其外南廳外河汛兵四堡以下本有埽工溜勢益向下移接鑲新埽九十餘丈又海安廳十套汛八套工舊壩迤下因河流側注刷及隄坡趕築柴壩五道並於各壩檔搶鑲護埽共長九十餘丈得

資抵禦兹届立秋長水漸落外南廳順黄壩誌
樁存水三丈六尺六寸據上下各廳稟報兩岸
工程一律穩定洪澤湖前月中旬水即報長曾
經附
奏比緣暴雨頻傾淮源益旺且湖西山泉漲發匯
流下注以致湖水雖有各壩河宣洩每日仍長
一二寸並有長至三寸者高堰誌樁現存水一
丈七尺七寸比上年盛漲已大一尺三寸現雖
尚堪容納而似此有長無消亦甚可慮所幸堰
盱二廳石工近來掣卸無多均經查明新舊分
別修賠並將浪刷石後溝槽填築堅實其山盱
林家西壩新義河直壩及仁義河中閘攔堰各
護埽閒被風掣隨時補加高整又五壩檔內大
隄東坡歷經風浪撞刷殘缺亦已用土補還惟
高堰頭堡大隄尚有二百餘丈殊覺單薄後身
又係積水深塘情形著重現飭該廳倣照成法
先用碎石拋平水面上再加築土戗寛五丈俾
臻寛厚至裏河揚河揚運等廳因湖水下注亦

報遞長兩岸舊埽間有蟄矮據請加鑲經臣復
查屬實批飭撙節鑲修以資捍衛刻下伏汛雖
過此後秋汛方長湖水既增長未已河水亦大
小難知臣惟有策勵所屬加謹籌防不敢稍涉
疎懈以期仰副
聖主垂廑河防之至意所有黄河伏汛安瀾各工修
守平穩並洪澤湖水長籌防緣由謹會同兩江
總督臣壁昌恭摺具
奏伏乞
皇上聖鑒謹
奏

覧奏均悉

道光二十六年六月　九　日

再查葦蕩左右兩營道光二十四年青葦長發情形經臣於該年六月附片

奏明在案嗣於霜降後經該管淮海道親詣蕩地詳細圜估計道光二十四年左營估柴二百六十五萬九千束除舊額正餘柴一百五十三萬五千束計新增餘柴一百十二萬四千束較續增額計多柴三十二萬四千束右營估柴二百八十八萬八千零八十束除舊額正餘柴一百六十三萬四千八百束計新增餘柴一百二十五萬三千二百八十束較續增額計多柴五萬三千二百八十束理合附片陳明伏乞

聖鑒謹

奏

工部知道

九一七

奏

漕運總督臣程矞采跪

奏爲重運漕船遭風漂淌糧米懇請豁免恭摺具

陳仰祈

聖鑒事竊臣接據署理江西糧道熊莪詳稱贛州幫

旗丁鍾李顧重船於四月十六日行至江寧縣

三山磯江心陡遭風暴霎時擨裂粒米片板漂

淌無存淹斃水手三名又安福幫旗丁熊胡高

重船於閏五月初五日渡黃行至黃河中心李

家莊地方遭風括倒大桅撬開棧板水湧入艙

船身登時擨散粒米片板俱已漂淌無存淹斃

頭役水手四名等情臣隨經分别檄飭各該管

之江寧鹽巡道淮揚道江寧清河二縣確切查

報去後茲據江寧縣知縣范仕義清河縣知縣
范傳勲先後查覆漂淌船隻委無揑飾情弊詳
請具
奏前來臣查重運糧船在大江黃河遭風船米漂
沒無存者例准豁免今贛州幫旗丁鍾李顧一
船在大江漂淌交倉平米一千五十七石七斗
二升四合九勺安福幫旗丁熊胡高一船在黃
河沖沒交倉平米一千八十石三升五合二勺
既據各該地方官勘明並無虛揑核與豁免之
例相符現仍飭令江寧鹽巡道淮揚道提齊丁
舵水手地保人等照例訊取供結另行恭疏
題請豁免並將船米等項細數移咨戶部倉場查
核外臣謹繕摺奏
聞伏乞
皇上聖鑒訓示謹
奏
該部知道

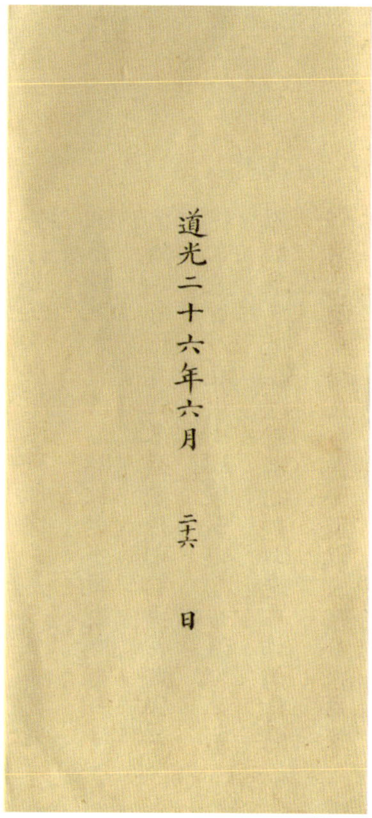

道光二十六年六月 二十六 日

再臣接據浙江台州前幫領運千總王國慶呈
報五月初七日跟幫渡黃初八日子時有旗丁
郭威彭船出口正在黃河中流陡遇汛水激斷
漲錨隨溜飛淌時值黑夜浪大風狂艙裂水棧
霎時水漫天篷當將另袋裝貯帶交艫颿耗平
米四十石全數搶起其餘米石撈救不及船米
全行淤沒又旗丁陳琪船亦於是日渡黃陡遇
汛水撞沉幸將漕船扉救起水挽進楊莊該丁
不惜工資搶起乾米復載原船北上撈起濕正
耗米五百石雇用小船裝載趕幫分灑緣本幫
各船早進楊莊一時不能趕上連日時雨時晴
悶貯糟酸不堪充食無力賠補援案分限帶交
等情即經臣嚴飭糧道查明是否屬實有無揑
飾情弊詳覆核辦去後茲據浙江糧道杜彥士
覆稱郭威彭陳琪二船淤沒沉溺米石並無揑
飾詳照道光十七十九二十一二十二二十三
等年黃河沉溺淤沒米石分限帶交成案請
奏前來臣查浙江幫丁素稱極疲今在黃河遭風

淤没沉溺米石勢難賠補尚屬實在情形合無
仰懇
皇上天恩俯念幫疲丁困援照道光十七年十九年
二十一年二十二年二十三年分限買補之案
准將台州前幫旗丁郭盛彭船淤没交倉正耗
平米九百五十二石五斗陳琪船沉溺交倉正
耗平米五百石自道光二十六年冬運起分作
三限買補交倉以紓丁力除將船米等項細數
移咨戶部倉場查核外謹附片陳明伏祈
聖鑒訓示謹
奏

另有旨

九一八

奏

河東河道總督臣鍾祥跪

奏為節過處暑黃河長水無多兩岸工程鑲修平
穩秋汛尚長現仍督飭慎防恭摺
奏祈
聖鑒事竊臣於六月二十一日將豫東黃河伏汛安
瀾緣由具
奏後旬餘以來黃河來源僅據黃沁廳呈報武陟
沁河於六月二十九日丑時陡長水一尺五寸
萬錦灘並未報長是以各廳續長無多惟秋水
力勁搜淘根底間有舊埽蟄塌之處務應擇要
補鑲以資衛護隄壩而備抵禦續漲除未經辦
竣之工另容勘覈具

奏外兹查豫省南岸中河廳中牟下汛四堡順隄
頭二三埽並七埽至十三埽又五堡大土壩頭
埽至六埽均係上年緩修之工河溜逼注先後
塌淨補鑲新埽十六段下南河廳祥符上汛十
九堡迤東蓋壩護厓頭二三四埽並二十二堡
舊二壩埽工四段俱淤捫多年底料朽腐溜激
匯盡搶補新埽八段睢寧廳睢州下汛六堡磨
盤新戗等壩各有埽工三段均係上年停修大
溜趨逼朽底匯塌甫經補鑲溜復提至該堡挑
水二壩致將該壩頭道光二十三年緩修之頭
二兩埽刷淨亦即一併補還共補新埽八段北
岸黄沁廳武陟汛馬工挑水壩尾空檔埽迤上
埽工六段接連之西大壩尾二段下首埽工五
段俱係上年緩修之工溜勢提坐各舊埽先後
匯淨搶補新埽十一段衛糧廳封邱汛西圈堰
第八段下首起土壩前舊埽六段係道光二十
四年停修底料捫朽溜逼刷盡按段補還下北
河廳蘭陽汛十三堡頭道挑壩頭二三埽並邁

埽上首順隄三四五埽均係停修多年溜注刷
塌分投補鑲新埽六段旋因河溜下卸致將十
五堡頭道挑壩舊埽三段二道挑壩舊埽二段
及十七堡斜頭壩上首順隄綫修之埽工四段
先後匯淨一併按段補還東省曹河廳曹下汛
五堡順水頭壩迤下空檔埽二段並六堡蓋壩
頭埽至四埽俱係綫修舊工溜勢湧激陸續匯
淨補還新埽六段以上各工經該管之開歸河
北兖沂三道督飭各廳鑲修追壓穩實辦理均
屬合宜其餘蟄矮埽段亦俱加鑲高整現距霜
降計有兩月來源長水旺弱尚難豫定修守巡
防仍應慎重未敢以目前水平工穩稍任懈忽
其各廳料物錢糧用多存少之處復酌量添貯
備防臣隨時覈實稽查總期無枉費之工無妄
用之費以仰副
聖主慎工重帑至意所有節過處暑鑲工平穩緣由
理合恭摺具
奏伏乞

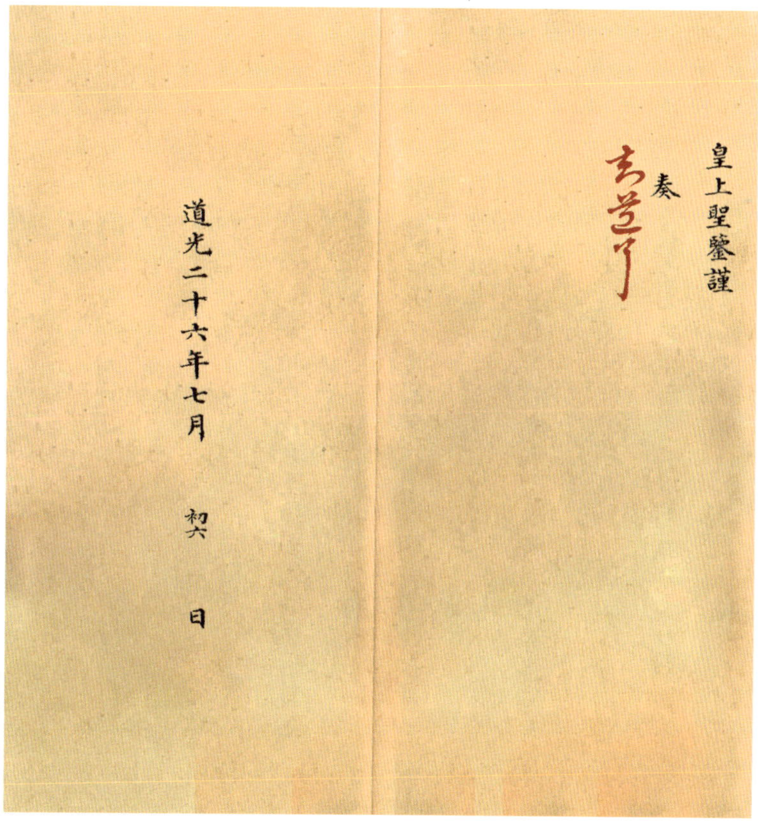
皇上聖鑒謹
奏
知道了
道光二十六年七月初六日

九一九

奏

河東河道總督臣鍾祥跪

奏為節屆秋分黃河水平工穩現仍勤慎防範並
勘籌來歲修守事宜恭摺具陳仰祈
聖鑒事竊照節過白露鑲工平穩緣由臣於七月二
十三日具
奏後旬餘以來黃河未曾長水大溜循軌東行而
秋濤迅利淘底搜根各廳新舊埽工間多刷蟄
均飭擇要加鑲高整不准率報動支以歸撙節
惟南岸下南河廳祥符上汛隄堰壩工切近省
城倍關緊要茲因水落溜提圈注該汛十八堡
月堰及十九堡盖壩淘刷不移塌及堰壩趕於
盖壩護崖頭埽迤上接鑲護崖新頭埽一段又

接連該埽迤上於月堰尾搶鑲新頭二三埽三段抵禦均為得力業經該管開歸道陶福恒督飭盤壓穩實此外上南河廳鄭州汛八九堡各壩雖已著河而形勢尚順先令挂摟攩護得守且守固不任鑲工滋費亦不敢因循遲誤總當實力防守相機辦理其各廳甎石工程因白露後河水未長先飭停拋所有節次動用數目誠恐以少報多已令該管各道挨廳查驗以存工甎石數計拋用之數總不容牽混虛捏統俟覈明丈尺再行彙

奏現距霜清尚有一月臣仍當督飭道廳勤慎防範未敢以水平工穩稍任懈忽至河工修守全賴未雨綢繆來歲事宜諸須豫籌而估計土工尤為當務之急蓋緣兩岸長隄一千餘里為生民保障上則風雨剝削下則汛水淤墊勢不能歲歲普律增培必須按年擇要估辦而避難就易為工員之積習是以屢勘不厭詳慎現已札飭各道督廳節慎估稟另容覆勘覈實具

奏所有節屆秋分黃河水平工穩緣由理合恭摺

具陳伏乞

皇上聖鑒謹

奏

知道了

道光二十六年八月　初四　日

再東省運河前因節次大雨傾注各路山泉坡
水旺發匯注河湖同時異漲官隄民堰處處危
險間多刷塌殘缺當因臣遠在豫中督防大汛
鞭長莫及即文報往來動須旬日是以節經嚴
札責成道廳設法搶辦不任疎懈嗣據先後具
稟各缺口均已剋日堵築完竣一律堅穩惟泉
河廳所屬之戴村三合土壩為過汶濟運關鍵
該壩刷有缺口亟應趕堵乃該管泉河通判郭
承緒辦理遲延以致分洩汶水淺滯船行據運
河道清平稟揭前來臣正在參辦間接准漕臣
咨會亦於濟城就近奏參請
旨將汶河決口不即堵塞羈阻漕船之泉河通判調
任捕河通判郭承緒及未能籌水濟運之署運
河同知候補通判沈維璥交部照例分別議處
在案現據運河道具稟三合土壩缺口堵合後
復又刷開已另委妥員前往趕堵等情除批飭
星夜搶辦並委營員馳往守催務期即日堵築
完竣追壓穩實如再有疎忽定予從嚴參辦外

惟泉河通判郭承緒前堵決口遲延工程又不
穩固實屬玩忽現已將該通判先行撤任聽候
部議並將續堵錢糧著落賠繳不准開銷以昭
炯戒另委妥員前赴泉河廳之任俾期妥速辦
理至重運三進尾幫前於七月十八日過濟後
業已挽過分水口轉入順水現飭將柳林牐加
下嚴板逼水北注以期船行迅速早日出牐並
令運河道跟押尾幫沿途加緊催趲不任片刻
遲延理合附片具陳伏乞
聖鑒謹
奏

知道了

九二〇

奏

河東河道總督臣鍾祥跪

奏爲節逾寒露黄河水平工穩現將本年用數覈

實匀稽並查驗存垛恭摺具

奏仰祈

聖鑒事竊照節屆秋分水勢工程情形臣於八月初

四日具

奏後兩旬以來黄河來源未經報長溜勢循軌東

趨各廳臨黄埽段已飭停修惟上南廳鄭州汛

八九堡各壩先行用稭摟護嗣經水勢刷深不

得不擇要裹鑲埽段以資抵禦而新鑲之埽正

須加追盤壓應俟來歲察看情形如果河勢不

能外移方准造報具各廳本年抛辦甎石或舊

工蟄卸必須加抛或舊有壩垛形勢卑短未能
得力應行加抛接長用資挑托或新舊埽壩酌
量抛護以免多糜稭料或舊有土壩塌短亟須
接抛挑禦均係隨時詳察溜勢之緩急督飭相
機辦理前於白露後河水未長即飭停抛當令
該管各道覈實查驗嗣據先後具禀前來臣覆
加確覈尚無虛浮謹將工名段落分别彙繕另
片恭呈
御覽至來年應修土工業經道廳擇要估計臣先將
上游各廳就近覆勘其下游各廳俟霜後赴濟
順道勘查務期處處工歸實在費不虛糜現將
本年用數督同各該道覈實勾稽分别造報各
廳用存稭垛并已委員查驗點明數目另容於
請辦防料項下劃抵扣銀還司汛期雖僅有旬
日而水未經霜其力尚勁臣仍督飭道廳照常
防守不任鬆懈一俟霜降安瀾即當馳報仰慰
聖懷所有節逾寒露水平工穩緣由理合恭摺具
奏伏乞

皇上聖鑒謹

奏

知道了

道光二十六年八月　二十四　日

再豫省各廳本年拋築甎工係南岸上南河廳
鄭州上汛頭堡核桃園新頭壩上首甎土壩下
首空檔灘厓第一二道甎垛加拋接長改築護
厓甎壩二道長二丈四尺及二丈六尺中河廳
中牟下汛六堡順河土堰前第三道甎壩加拋
接長九丈五尺下南河廳祥符上汛十七堡北
面挑水壩外拋築甎壩一道長二丈蘭儀廳儀
封上汛三堡蓋壩前甎壩迤上接拋護厓甎壩
一道牽長六丈又挑水壩尾頭埽前甎壩加拋
接長五丈儀睢廳睢州上汛三堡順水三壩上
跨角拋築甎壩一道長三丈九尺睢寧廳睢州
下汛七堡順水頭壩上首空檔甎壩加拋長六
丈八尺商虞廳虞城上汛十二堡托三壩前拋
護甎壩一道長四丈一尺北岸黄沁廳唐郭汛
攔黄堰三壩下首頭二三道護壩因滙塌較短
於各壩頭接拋甎壩三道長一丈四尺及二丈
衛糧廳陽武汛十七堡前接月石壩尾起土壩
南面頭道魚鱗壩接拋甎壩一道長八丈七尺

祥河廳祥符上汛十五堡人字壩下首空檔甎壩加拋長十二丈四尺又十六堡第二道挑壩上首拋築甎壩一道長五丈下北河廳蘭陽汛銅瓦廂上壩三埽上首拋築甎垛二道又甎垛上首二埽前拋築甎壩二道長自三丈至八丈曹考廳考城汛陳埠道迤東頭二道挑壩頭並西面舊有甎壩二道加拋接長均周圍長二十四丈以上各工覈計用甎自五十餘方至四百八十餘方不等辦理均屬合宜查驗並無虛捏另容彙繕清單具陳合先附片陳明謹

奏

知道了

再兩岸各廳本年抛辦碎石工段係豫省南岸
上南河廳滎澤汛十二堡第一道土壩前舊有
碎石之甎壩外鄭州上汛頭堡核桃園新頭壩
上首甎土壩下首空檔灘厓第一二道甎垛改
築護厓各甎壩外又該堡胡家屯順隄十一埽
中河廳中牟下汛九堡大壩北面托頭壩十埽
並托二壩舊有碎石之五埽及六埽下南河廳
祥符上汛十九堡蓋壩下首順河土堰前舊有
碎石之第二三四道甎挑壩外蘭儀廳蘭陽汛
蔡家樓順隄舊有碎石之七埽並八埽又十堡
第一道戧壩舊有碎石之七埽儀睢廳睢州上
汛十二堡挑水頭壩及該壩前人字壩上首北
面又挑水二壩外睢寧廳睢州下汛五堡舊有
碎石之順水壩外商虞廳虞城上汛十二堡舊
有碎石之托六壩甎壩外北岸黃沁廳唐郭汛
攔黃堰托壩第一段內南面新挑頭二壩舊有
碎石之各甎壩外衛糧廳陽武汛十七堡前月
石壩十段上首土壩頭舊有碎石之甎壩頭並

西面又壩尾土壩南面頭道魚鱗壩本年接抛
軏壩頭及西面祥河廳祥符上汛十五堡魚鱗
壩舊有碎石之二三兩埽中間又人字壩下首
挑壩舊有碎石之六埽下北河廳蘭陽汛十三
堡頭道挑壩頭埽上首舊有碎石之順厓軏壩
外並十七堡斜頭壩舊有碎石之頭埽曹考廳
蘭陽下汛頭堡二道挑壩舊有碎石之三埽東
省曹河廳曹下汛五堡順水三壩舊有碎石之
三埽曹單廳單下汛四堡新頭壩舊有碎石之
藏頭埽以上埽壩各工用石自一百八十餘方
至一千八百六十餘方不等均經該管各道隨
時督飭如式抛護抵禦甚為得力現已量明丈
尺容再彙繕清單恭呈
御覽理合附片具陳謹
奏
覧

九二一

奏

河東河道總督臣鍾祥跪

奏為節交霜降豫東兩省黃河工程一律平穩普

慶安瀾恭摺馳報仰慰

聖懷事竊照黃河修防以伏秋大汛為最要當水漲溜激之時舊埽匯塌隄壩喫重平險係於呼吸搶鑲不容刻緩本年伏汛前後長水頻仍而沁水尤為勤旺沁河兩岸塌埽潰隄危險異常先經前任河北道龔慶祥豫籌幫築復經現任河北道長臻督令府廳營縣分投搶護沁隄方保無虞迨交秋以後來源間有續長而秋水力勁搜淘根底各廳埽壩延長臣往來督飭道廳鑲修防護不敢稍遺餘力並蒙

皇上俯念河防緊要隨時
恩准撥發銀兩籌備料物撫臣暨藩司亦各協力同
心於例支之款接濟應手所有鑲修各工情形
均經
奏明在案現在節交霜降仰叨
福庇全河順軌兩岸工程平穩普慶安瀾臣感沐
聖德
神庥恭詣蘭陽惠安觀敬謹祀謝通工官弁兵民
莫不同聲忭頌臣欣幸之餘彌增凛畏除霜後
應辦事宜另容次第覈
奏外查大河長水尚未全消仍飭各道率同廳營
照舊防守俟交冬令方准下隄臣因東省運河
本年水勢異漲湖河隄堰尚有急辦之工均關
利運衛民而錢糧歲有定額必須親往勘籌其
回空軍船亦應趕緊督催以期早日歸次拜摺
後前往黃河下游覆勘各廳所估土工順道赴
濟料理運河事宜所有豫東黃河霜降安瀾謹
會同河南撫臣鄂順安山東撫臣崇恩恭摺循

例由驛具

奏伏乞

皇上聖鑒再本年在事各員除循分供職外其河工

地方現任及協防候補各員實在勤奮出力者

臣隨時存記並據各該道稟報前來可否量加

鼓勵之處伏候

訓示祇遵謹

奏

覽奏欣慰之至另有旨

道光二十六年九月　初五　日

九二二

奏

河南巡撫臣鄂順安跪

奏為查明豫省道光二十年以前民欠丁耗及緩
帶徵銀穀漕項學租雜税等項各數目開單具
奏恭候
聖主加恩事竊准户部咨道光二十五年八月初三
日欽奉
上諭朕勤求民隱子惠元元自御極以來蠲賦緩徵
恩膏疊沛所願人安樂利户裕蓋藏俾閭閻日臻
康阜因念各省民欠錢糧自道光十五年降旨蠲
免後計期已逾十稔本年恭逢
聖母皇太后七旬萬壽海寓乂安民物豐豫允宜推廣
慈恩覃敷闓澤用昭錫類之仁所有各省節年正耗民

欠錢糧及因災緩徵帶徵銀穀並借給籽種口糧
牛具及漕項蘆課學租雜税等項著各該督撫將
軍府尹等將道光二十年以前實欠在民者詳細
查明該省所屬某州某縣銀數若干速行開單具
奏候朕降旨全行豁免並著先將此旨刊刻謄黄
徧行曉諭務使城市村鄉咸喻朝廷德意毋任官
吏胥役等延擱侵漁致滋弊竇期吾民休養生息
孝弟力田比户可封催科不擾用副朕延
釐篤祜申錫無疆至意等因欽此仰見我
皇上道隆孝治
澤浹生民延
慈壽於千春普
仁施於九有
天恩浩蕩率土同欽臣於接准部咨之日即遵
旨飭司敬謹謄黄先行遍為曉示闔省士民莫不歡
欣感頌伏思豫省錢糧較多正雜各項款目紛
繁必須澈底清查方免影射牽混當即率同藩
司確遵定例以已入奏銷未完之數為斷若奏

銷後續有徵存亦即掃數解司臣誠恐有以完
作欠情弊復責成各該道府直隸州檢齊所屬
徵冊流串查明確係實欠在民者方准造報兹
據查開民欠實數加結送司由陞任藩司張日
晸糧道庚長核對存司奏銷錢糧底冊逐細勾
稽內除沙壓地畝豁免及奏銷後續完解司各
銀兩不計外實在民欠歷年奏銷案內未完地
丁正耗銀三萬四千三百五十五兩零又因災
緩帶徵民欠地丁正耗銀一百一十三萬二千
五百一十兩零又民欠緩帶徵漕項銀八千一
百三十四兩零又民欠出借常漕等倉穀五萬
八千五百四十九石零又因災緩帶徵漕米麥
豆二萬五千三百五十四石零又老牙雜稅銀
三十二萬二千二百八十一兩零又按學租銀
一千一百六十八兩零詳請具
奏前來臣逐加覆核數目相符謹遵
旨開繕清單恭呈
御覽伏候

恩施除詳細造冊咨部外理合恭摺具

奏伏乞

皇上聖鑒謹

奏

户部議奏單二件併發

道光二十六年十一月初九日

再查豫省歷次堵築漫工加價並漳沁等河幫
價及借項修築隄堰挑宼河濠各銀兩均係隨
同地丁分限攤徵前案未清後案續添地方偶
遇偏災輸將即不無竭蹷據陞任藩司張日晸
詳稱查自道光十年以後至二十年應攤徵各
項加價銀共四百六十九萬六千九百三十五
兩零除已徵外尚有未完民欠一百六十三萬
三千五百五十一兩零委因道光十年以後疊
被水災遞年展緩以致未能掃數徵解查係實
欠在民溯查前此恭逢
恩旨乾隆五十九年前撫臣阿精阿查明積欠加價
銀五十九萬餘兩嘉慶二十四年前撫臣琦善
查明積欠加價銀一百八萬餘兩道光十五年
前撫臣桂良查明積欠加價銀五十六萬餘兩
均經奏奉
特旨豁免援照成案詳請附
奏前來臣查豫省前因黄河漫口連年被災閭閻
元氣未復應攤徵各項加價道光二十年以後

接徵並按限啟徵者尚有八百八十九萬八千
二百七十餘兩且各年均有帶徵丁耗櫛比鱗
次若再令帶完二十年以前民欠民力未免拮
据應否邀
恩豁免謹繕清單恭呈
御覽伏候
欽定為此附片陳
奏伏乞
聖鑒謹
奏
户部議奏

再據陞任藩司張日晸詳稱查鎮平封邱滑縣
濬縣等四縣有積欠各項租稞共銀八千三百
一十五兩零據該管道府確切詳查委係實欠
在民加結請豁詳請附
奏前來臣查租稞一項既經查明實欠在民核與
應行豁免之蘆課學租事同一律可否邀
恩豁免謹繕清單恭呈
御覽伏候
欽定為此附片陳
奏伏乞
聖鑒謹
奏

戶部議奏

九二三

奏

河東河道總督臣鍾祥跪

奏為恭報黃河桃汛安瀾並查過上游兩岸各廳

河勢工程情形繕摺具陳仰祈

聖鑒事竊照黃河以清明後二十日之內為桃汛之

期臣應赴工督防前將督催運河挑工將次全

完赴豫驗料查工緣由具

奏後即自濟起程於曹考廳汛上隄由北岸溯查

歷下北祥河衛糧黃沁復於滎澤南渡順查上

南中河下南蘭儀計已閱過上游兩岸九廳詳

勘大河情形如舊溜勢東行暢順中牟大壩前

河勢仍由西北斜注東南惟上年霜後對岸土

山以下新生嫩灘逼溜下卸東壩尾北面戧頭

壩下首托三戧二等壩本無埽工因溜趨較緊
當經該管開歸道督廳相機鑲護埽段用資抵
禦臣到工勘驗辦理尚屬合宜此外上南廳鄭
州汛八九堡前河溜仍側注不移各壩若再塌
短恐成入袖之勢現將着溜最要之壩酌抛碎
石裹護並於壩檔較寬之處添築土壩層層挑
托以期防禦有資其各廳臨黄各工或新埽經
歷三冬秋稍發扁或舊埽被溜趨刷上實下虚
應於春間分别拆補加鑲以備抵禦汛漲先據
各該道督廳估稟臣挨廳按冊覆驗尚無虚捏
均俟驗料完竣再飭動料鑲修至兩岸長隄爲
生民保障祇因每年風雨剥削汛水淤墊仰蒙
恩准每歲擇要增培以期崇墉鞏固而承修之員賢
否不一必須實力查驗方杜草率偷減之弊前
於春初興工之始適值風乾土燥恐新舊土性
未能膠粘疊飭各工員潑水行硪務期堅實嗣
於二月内濱河一帶雨澤霑濡地土滋潤復經
嚴飭加夫乘時趕辦兹臣就所過之廳查驗尚

皆如式仍俟催令依限一律辦竣再行按廳嚴

實驗收

奏報計自二月二十日節交清明至三月初十日

桃汛已過豫東黃河兩岸各廳長水一二尺餘

寸不等旋即見消工程悉臻平穩安瀾順軌堪

以仰慰

聖懷再各廳料垛統俟下游查驗完竣另行具

奏合併聲明為此繕摺具陳伏乞

皇上聖鑒謹

奏

知道了

道光二十七年三月　十八　日

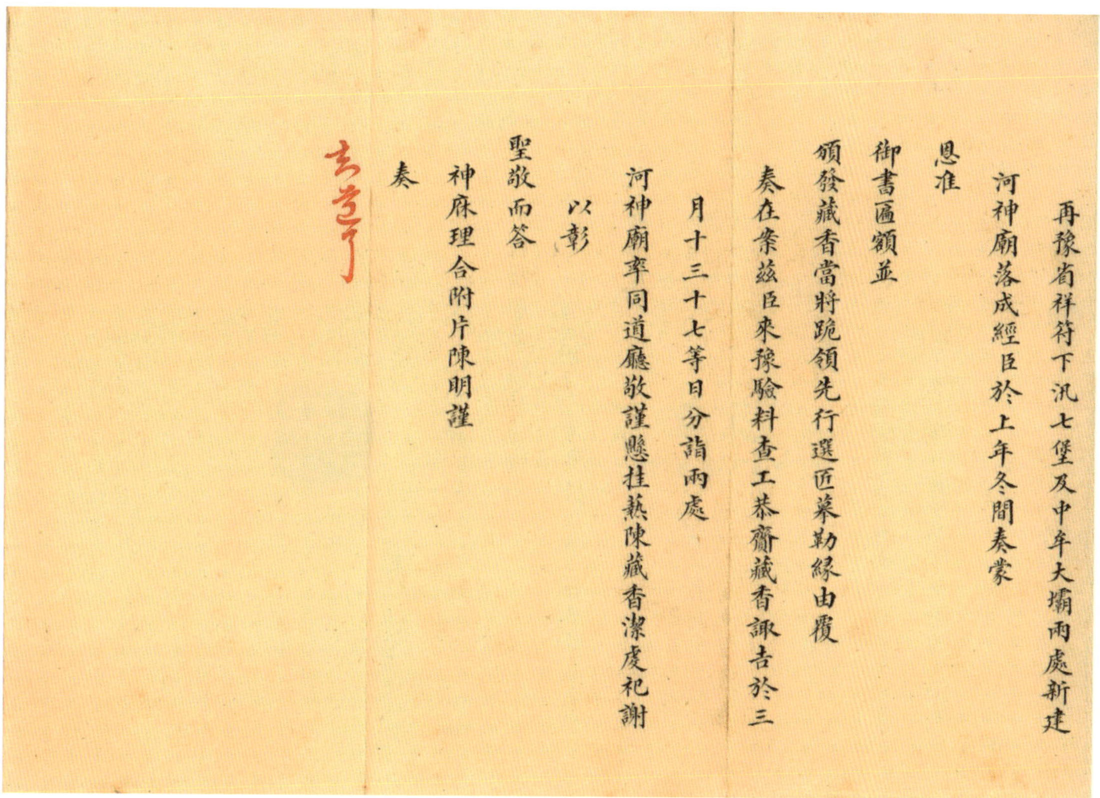

再豫省祥符下汛七堡及中牟大壩兩處新建
河神廟落成經臣於上年冬間奏蒙
恩准
御書匾額並
頒發藏香當將跪領先行選匠摹勒緣由覆
奏在案茲臣來豫驗料查工恭齎藏香諏吉於三
月十三十七等日分詣兩處
河神廟率同道廳敬謹懸掛爇陳藏香潔虔祀謝
以彰
聖敬而答
神庥理合附片陳明謹
奏

知道了

九二四

奏

河東河道總督臣鍾祥跪

奏為查驗豫東黃河各廳料垛完竣並下游河勢

工程情形恭摺具陳仰祈

聖鑒事竊照稭垛為修防要料必須驗收於未用之
前方足以杜牽混而昭覈實而辦料情形每年
不同緣天時有旱潦之分即產稭有豐歉之別
於冬令採辦之時又視雨雪之多寡以定購運
之難易上秋瀕河一帶雨澤較多產稭不能十
分豐足而一冬晴霽採購自易臣復疊札嚴催
是以均於年前依限堆齊先經該管各道驗收
結報臣到工挨廳逐廠細細覆驗伏查稭料係
露積於隄壩之上丈尺有無不足不難查量惟

垛中之虛實未能一目而知而每廳所辦歲添
料物自一二百垛至五六百垛不等當即擇指
拆量覈實秤驗尚無短少虛鬆情弊麻觔積土
亦查驗無虧其添料改辦甎石原限桃汛内完
竣臣順道查覈俱已購運足數至備防碎石一
項因每年添料改辦之石不數備用酌購貯防
為河工必不可少之需向於年前
奏請豫提次歲春汛防險銀兩採購嗣奉
硃批不准豫提當經欽遵於上年秋間
奏明請嗣後於每年春間察覈工程之繁簡方於
例撥防險銀内撙節發辦以重工儲而免豫提
仰蒙
勅部議准在案前於咨撥春汛防險銀兩之時即據
各該道確覈各廳工程形勢擬派辦石多寡具
詳前來臣復加勘覈尚為合宜已批令趕緊採
運勒限辦齊報驗如未經驗收以前擅行拋用
即當叅賠幷飭令不准逾上年派辦之數以示
限制而歸覈實至黄河下游南岸之儀睢睢寧

商虞歸河北岸之曹河曹單共計六廳臣又周
歷查閱河勢循順東趨尚無提移之處惟曹河
廳曹下汛二堡前大溜仍側注不移該堡爲舊
日險工關係緊要現已添購甎塊貯備俟大汛
察看形勢如果塌近隄壩或用甎石拋護或即
鑲埽抵禦隨時相機節慎辦理以保無虞各廳
另案土工現在認真趲築春鑲埽段已飭動料
興修統俟普律辦竣再行親驗河工修守貴乎
未雨綢繆所有大汛備防事宜並已諭令道廳
妥爲豫籌務期處處周密以仰副
聖主重工衛民安益求安之至意所有查驗料垛完
竣緣由理合恭摺具陳伏乞
皇上聖鑒再臣現已回濟督飭道廳鋪水迎漕料理
催趲各事合併聲明謹
奏
知道了

道光二十七年四月　廿五　日

再臣前准部咨本年正月二十六日奉

上諭方墉孫瑞齡著發往東河交鍾祥差遣委用等

因欽此欽遵在案茲據吏部候補主事孫瑞齡

呈報於三月十七日到工詹事府右贊善方墉

呈報於三月二十日到工臣當隨時派委各該

員前赴黃運兩河會同文武員弁催漕防汛並

查勘河勢工程情形俾資學習理合附片奏

聞謹

奏

覽

九二五

奏

河東河道總督臣鍾祥跪

奏爲恭報豫東黃河伏汛安瀾現仍督飭慎防秋

漲恭摺具陳仰祈

聖鑒事竊照入伏前後河水節長旋消工程鑲修平

穩情形臣於六月十七日具

奏後即赴下游兩岸周歷督防並驗收另案土工

春鑲埽段尚無偷減草率之處其備防碎石亦

查量無短復勘得前此水勢盛漲各廳間多漫

灘惟睢寧廳之寧陵汛地勢最窪長水上灘漾

至隄根各堡前積水深至四五六七八尺不等

風浪撞擊隄坡汕刷堪虞業經飭令該管開歸

道督廳分別灘水之深淺緊挂柳枕估鑲防風

以資護禦而積水一經消退灘面必有掣刷溝槽幷令隨時估築土格攔截務期隱患悉除此外各廳漫灘之水尚不甚深易於疏消其曹河廳曹下汛河勢水長即卸至四五六堡緊靠各埽壩東注水落則提至二三堡前淘刷修守防護均關緊要該管兗沂道於每年伏秋期內本係常駐該工已責成該道督飭廳營妥慎防守務保無虞現在各廳水消工平河溜順軌節逾立秋伏汛安瀾洵堪仰慰

聖懷惟秋汛為日甚長修守正關緊要且查黃河來源以河南陝州萬錦灘為最大本年伏前雖經報長三次而交伏後僅於六月初七日報長一次兩旬以來未報續漲即武陟沁河水勢於六月初五初八日報長之後僅據黃沁廳呈報於二十二日申時續長一尺九寸亦不為多測以盈虛之理誠恐秋漲勤旺巡查防護俱應加慎

臣當督飭各道廳嚴密防範錢糧料物用多存少之處酌量添貯覈實稽查並派在工學習之

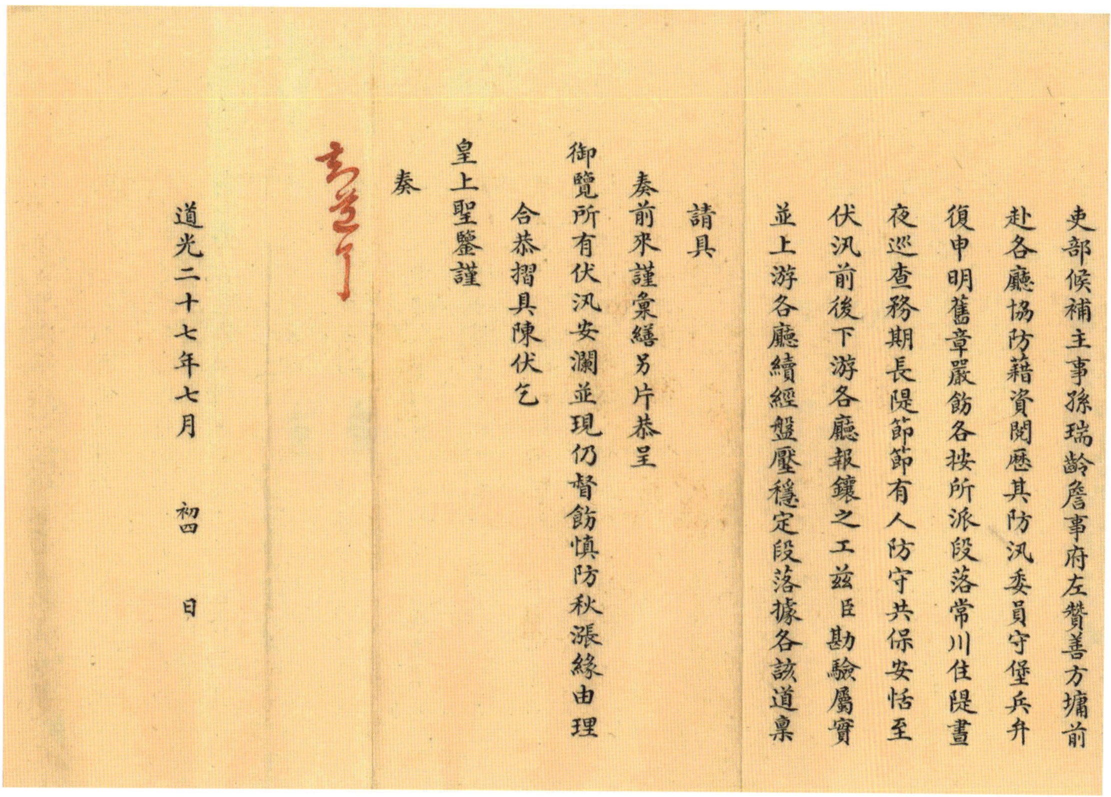

吏部候補主事孫瑞齡詹事府左贊善方墉前
赴各廳協防藉資閱歷其防汛委員守堡兵弁
復申明舊章嚴飭各按所派段落常川住隄晝
夜巡查務期長隄節節有人防守共保安恬至
伏汛前後下游各廳報鑲之工茲臣勘驗屬實
並上游各廳續經盤壓穩定段落據各該道稟
請具
奏前來謹彙繕另片恭呈
御覽所有伏汛安瀾並現仍督飭慎防秋漲緣由理
合恭摺具陳伏乞
皇上聖鑒謹
奏

知道了

道光二十七年七月　初四　日

再東省衛河據報於六月初八至十一日共長
水六尺八寸所有出牐幫船均可揚帆北上而
汶衛高下無多牐內幫船幷得趕速趲放趁水
遄行其二進首泗州後幫船三十一隻於六月
十四日申時出東三進首杭嚴三幫船四十一
隻亦於是日亥刻挽出臨清牐截至六月二十
日共入東境八十八幫二十一日共過濟城天
井牐八十一幫十九日共出牐入衛六十四幫
十八日共催出德州柘園鎮東境四十九幫臣
仍當嚴飭司漕員弁加緊提催務期全漕剋日
出東早達通倉仰紓
宸廑謹附片陳
奏
覽

再下游各廳前此報鑲之工玆臣勘騐屬實並
上游續經盤壓穩定者係豫省南岸儀睢廳睢
州上汛二堡挑水頭壩埽工五段戧三壩埽工
六段均係上年緩修底料朽腐大溜湍激陸續
蟄塌按段補還又該汛十一堡順七壩接連人
字壩頭埽上首溜圈刷壩搶鑲藏頭頭二埽二
段睢寧廳睢州下汛五堡西戧壩四埽至十埽
並該堡東挑壩頭二三四埽俱係上年停修舊
工水長溜激朽底蟄淨分投補鑲新埽十一段
商虞廳虞城上汛十四堡順水二壩四埽順水
三壩上首護厓頭二埽及該壩頭二三四埽順
水四壩迤上空檔即舊磨盤壩迤東空檔頭二
三埽均係歷年緩修之工大溜趨刷先後蟄盡
按段補還新埽十段北岸黄沁廳武陟汛馬工
挑水壩尾舊埽空檔埽工八段係上年停修底
料捫朽溜注蟄淨照段補還衛糧廳封邱汛西
圈堰第八段下首土壩一道長一百七十丈向
有埽工六段因水長溜急六埽以下壩身刷塌

情形緊要趕緊接鑲新埽七段得資抵禦祥河廳祥符上汛十五堡迤上空檔埽八段係上年緩修之工底料朽腐溜注匯塌按段補還又十六堡河勢裹卧趕做埽靠一道工甫築竣溜即塌至搶鑲新埽五段並於迤下空檔接鑲新埽三段該堡第三道挑壩因溜刷壩身趕鑲新埽三段東省曹河廳曹下汛五堡順水頭壩頭二三埽及順水二壩頭二三埽並魚鱗頭壩頭二埽均係上年停修河溜側注陸續刷塌補鑲新埽八段曹單廳單上汛九堡托壩二埽裹頭埽及十堡挑壩二三四埽並單下汛三堡新三壩下首人字壩頭二埽俱係緩修舊工溜注塌淨分投補還新埽七段以上各工經該管開歸河北兖沂三道督飭各廳營鑲辦穩實抵禦均屬得力其餘卑矮埽段亦俱加鑲高整理合附片陳明伏乞

聖鑒謹

奏

知道了

布彦泰西寧被水並黄河驟長委員勘辦等由

奏

旨交。

八月初二日

陝甘總督臣布彦泰跪

奏為西寧郡城地方猝被水災先行委員查勘撫

恤並黄河水勢驟長沖失浮橋趕緊辦理各緣

由恭摺具

奏仰祈

聖鑒事竊據西寧知府稟六月十一日戌刻烈風暴

雨山水陡發距城二十里之郭家塔爾土山被

水沖塌壓斃人口廬舍牲畜田禾附近村莊亦

間有被水淹浸地方等情臣當即派委候補知

州直隸州知州吳棲鸞先在司庫酌帶銀一千

兩馳赴西寧會同該知府詳細查勘將被水户民

先為撫恤安置毋使失所去後旋據該員等會

金西寧和為被災之區共計二十四處其較重
之北郭家塔朱家庄曹家寨羅家灣三莊堡等處
沖塌房屋四百五十餘間壓斃男女大小八十
七名口牲畜八十六匹頭沖淤沙壓田地一千
九百一十三畝六分七厘被災之戶已照例分
別撫恤其離城較遠之傅家寨等二十處水沖
地畝俟查勘明確再行分報等情除仍飭趕緊
查報外七月初七日夜省城大雨滂沱連日陰
雨未止至十三日丑刻又復雷雨大作直至卯
刻黃河水勢驟長二丈有餘波濤洶湧上游沖
下牲畜木植田禾樹株甚多致將省城北門外
浮橋沖斷倉猝之際人力難施船隻碰碎板片
漂沒無存現在河水雖退而雨仍未止上游各
處何處被水一時未能查明臣現已行司飛飭
府廳速即確查上游及皋蘭所屬下游一帶
有無被沖田廬及損斃人口牲畜等事應否賑
恤之處迅速具報再行覈實勘辦一面飭令皋
蘭縣趕造船隻建搭黃河浮橋以利行人並擬

據伯勳報稱本月初九日天降大雨湟河泛溢
沖傷沿河田地當即飭同委員會同該勳親
赴被水各村莊逐一履勘是否不致成災詳查
具報一面辦理所有西寧勳碾被水災並黃河
水勢暴長沖斷浮橋委員查勘接修各緣由先
行恭摺奏
聞伏乞
皇上聖鑒謹
奏
道光二十七年八月初二日奉
硃批　、　欽此
七月十五日

九二七

奏

河東河道總督臣鍾祥跪

奏為節逾處暑黃河水勢接長甫消兩岸工程鑲修平穩現仍督飭加意防護恭摺具陳仰祈

聖鑒事竊照伏汛安瀾緣由臣於七月初四日具

奏後旋據河南陝州呈報萬錦灘黃河於七月初二並十一日兩次共長水五尺四寸黃沁廳呈報武陟沁河於七月初二日子戌二時初八日卯巳二時初十日申戌二時及十一日巳時七次共長水一丈二尺七寸計旬日之內來源共長一丈八尺有奇非同時並漲即接續下注以致各廳先後報長水三四五尺餘寸不等勢極浩瀚且秋水力勁搜淘根底兩岸工程日事鑲

修迄未停手臣往來督辦幸俱平穩茲勘得南
岸中河廳中牟下汛九堡大壩北面托頭壩十
埽下首並托二壩六埽下首接鑲新埽各二段
迤下道光二十五年善後案内建築之托三壩
及二十六年另案築做之戧二壩本無埽工河
溜趨注情形緊要於托三壩鑲做新埽三段戧
二壩鑲做新埽五段正在分投鑲辦間河水陡
長溜勢下卸趕於戧二壩下首搶築魚鱗壩一
道長十九丈甫經築起水已塌到搶鑲新埽三
段計共鑲埽十五段下南河廳祥符上汛二十
堡魚鱗二壩頭二三埽内頭埽分上下段又挑
水壩藏頭埽雁翅埽並二十二堡新四壩埽工
六段俱係緩修舊工溜急水深陸續刷塌補還
新埽十二段北岸下北河廳蘭陽汛銅瓦廂托
壩魚鱗頭壩托二壩均向無埽工溜勢裹卧刷
及壩頭相機各鑲埽二段又十三堡順隄頭埽
迤上緩修舊埽七段先後匯塌挨段補鑲曹考
廳曹上汛十八堡土壩東面又土壩下首順隄

及十九堡順隄上首舊有防風埽工三段年久
朽腐漲水上灘刷塌無存照段補還計長四百
七十八丈以資捍衛曹河廳曹下汛五堡順水
三壩下首順隄頭埽下段及二三埽又六堡碧
霞宮前六七兩埽均係上年停修河溜側注隄
續刷塌分投補還新埽五段曹單廳單下汛十
六堡下段內起至十七堡工尾一帶隄根地勢
低窪汛漲出槽灘水匯注風浪撞刷堪虞舊有
防風埽工二段朽腐無存照段補鑲計長四百
七丈五尺用資衛護以上各工經該管各道督
飭廳營鑲辦穩實抵禦甚為得力至迎溜喫重
埽壩必須拋護甎石及舊有甎石各壩溜激刷
深應行加拋者均飭節慎拋用不任虛糜現在
長水甫見消動而秋汛尚長來源續漲靡定臣
惟有督飭道廳欽遵
硃批加意防護務保安瀾以期仰慰
聖廑所有節逾處暑水勢工程平穩情形理合恭摺
具陳伏乞

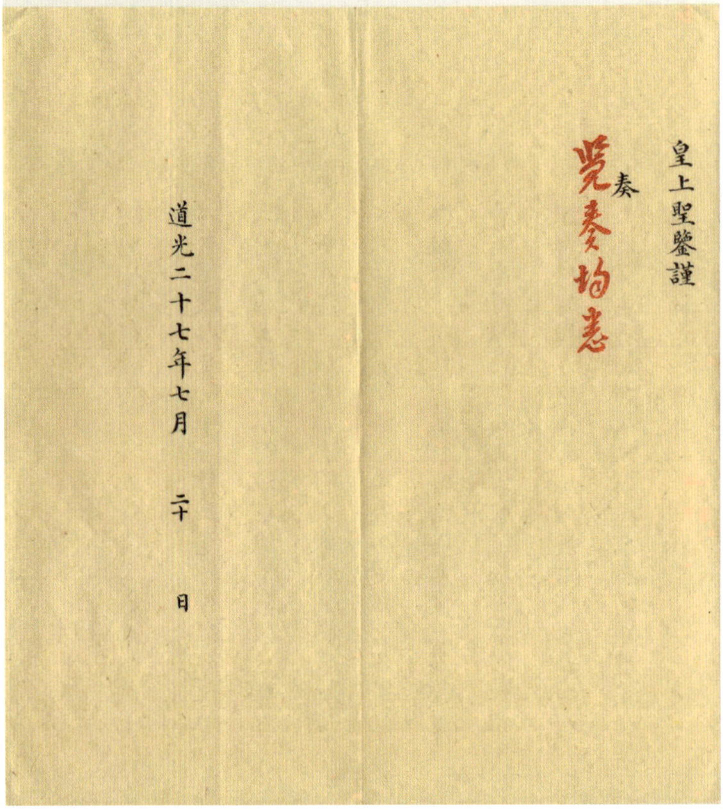

皇上聖鑒謹
奏

覽奏均悉

道光二十七年七月　二十　日

九二八

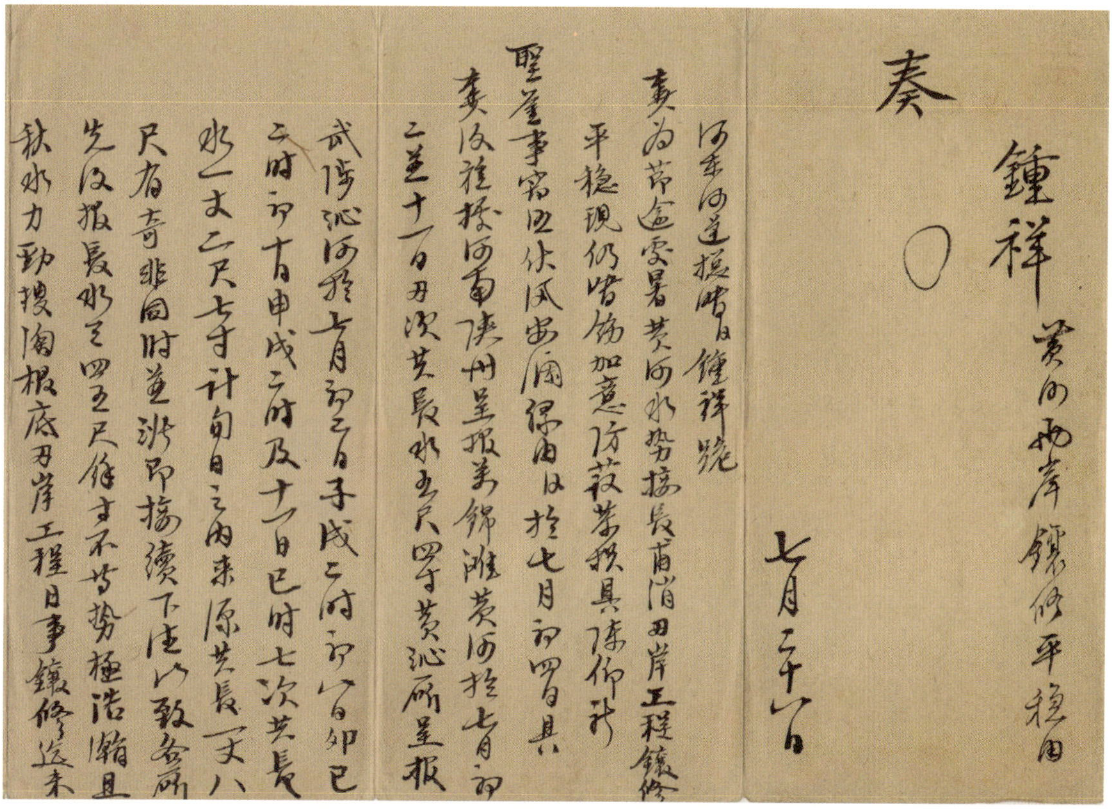
奏

鍾祥　黃河兩岸鑲修平穩由

〇

七月二十一日

河東河道總督臣鍾祥跪

奏為節逾處暑黃河水勢接長消落兩岸工程鑲修平穩現仍督飭加意防護恭摺具陳仰祈

聖鑒事竊照伏汛安瀾緣由臣於七月初四日具

奏後旋接河南陝州呈報萬錦灘黃河於七月初二至十一日四次共長水五尺四寸黃沁廳呈報武陟沁河於七月初二日子戌二時初四日卯巳二時初十日申戌二時及十四日巳時七次共長水一丈二尺七寸計旬日之內來源共長一丈八尺有奇非同時並漲即接續下注以致各廳先後報長水至四五尺餘寸不等勢極浩瀚且秋水力勁搜淘根底兩岸工程日事鑲修迄未

停手以往來勞辦章供平穩菸協南岸中河
廳中牟下汛九堡大壩北面托頭壩十埽下首
並托二壩六埽下首接鑲新埽各二段並下游
光二十五年舊存埽內建築之托三壩及二十六
年另案築做七戧二壩東綠埽工河溜趨注
情形吃重接托三壩鑲做新埽三段戧二壩鑲
做新埽五段已查勘撥鑲辦向河水漫長溜勢
下卸趕於戧二壩下首接築魚鱗壩一道長
十九丈甫經築起水已塌到接鑲新埽之段計
共鑲埽十五段下南河廳祥符上汛二十堡魚
鱗二壩頭二三埽內頭埽分上下段又挑水壩藏
頭埽雁翅埽並二十二堡新四壩埽五六段俱
係後修舊工溜急水深陸續刷塌補還新埽十
二段北岸下北河廳蘭陽汛銅瓦廂托壩魚鱗
頭壩托二壩均因無埽工溜勢衰卧刷及壩頭
相機各鑲埽二段又十三堡順堤頭埽迤上
後修舊埽七段先後壓塌接段補鑲曹考廳
曹上汛十八堡土壩東面又土壩下首順堤及十

九堡順隄上首旧有防風埽工三段年久朽
腐臨水上灘刷塌全存四段補还計長四百
七十八丈以資捍衛東河所屬下風五堡順水
三堤下首順隄頭埽下段及二三埽又六堡
碧霞宮前六七两埽均係上年停修河面側
注陸續刷塌分投補还新埽五段東岸所
屬下風十六堡下段內起至十七堡工尾一帶隄
根地勢低窪風臨出槽灘水匯注風浪撞刷堪
虞旧有防風埽工二段朽腐全存四段補鑲計
長四百七丈五尺用資衛護以上各工經該廳營
遵照飭所屬鑲辦穩实抵禦甚為得力至迎
溜吃重埽壩必須拋護碎石及旧有碎石各壩
溜激刷深應行加拋者均飭節撙拋用不任虛
糜現在長水甫見消動而秋汛尚長未保續
漲靡定只惟有嚴飭道廳欽遵
硃批如意防護務保安瀾以期仰慰
聖廑所有節過處暑水勢工程平穩情形理合恭摺
具陳伏乞

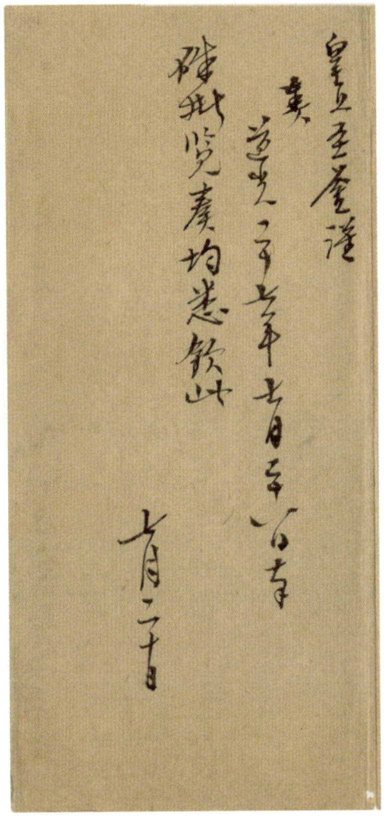

皇上聖鑒謹
奏
道光二十七年七月十一日奉
硃批覽奏均悉欽此
七月二十日

九二九

奏

河東河道總督臣鍾祥跪

奏為白露已過謹陳黄河水勢工程情形現仍督

飭慎防恭摺

奏祈

聖鑒事竊照節逾處暑水平工穩緣由臣於七月二

十日具

奏後續據甘肅寧夏府呈報黄河水勢於七月十

五日辰時又漲水三尺一寸河南陝州呈報萬

錦灘黄河於七月十八並二十五日兩次共長

水四尺黄沁廳呈報武陟沁河於七月十九日

子時長水一尺二寸前水尚未暢消後漲踵至

是以各廳存水接長加高仍形浩瀚兼之大溜

提坐靡定臨黄之處或舊埽匯淨補鑲或壩工
著河裏護均應擇要鑲修如上南河廳鄭州汛
八堡順三壩九堡新順壩因河溜塌至各鑲新
埽二段又該汛十四堡順七壩埽工三段中牟
上汛頭堡楊橋戧三壩頭埽上首空檔埽二段
及戧三壩四埽下首順隄七埽至十埽俱係上
兩年緩修水長溜注舊底先後匯淨按段補還
計共鑲補新埽十三段蘭儀廳蘭陽汛蔡家樓
舊隄裹頭埽三段又十堡挑水三壩上首空檔
北戧埽工五段下首空檔北戧埽工四段係歷
年停修舊工溜趨刷塌分投補鑲新埽十二段
儀睢廳睢州上汛五堡戧頭壩並挑水八壩各
有舊埽四段俱已掣朽溜勢提坐先後匯淨補
鑲新埽八段睢寧廳睢州下汛六堡挑水二壩
並上首順隄向有埽工八段俱係上年停修大
溜湍急搜淘朽底陸續匯塌按段補還又該廳
寧陵汛地勢最窪前因長水上灘漾至隄根汕
刷堪虞飭令估鑲防風以資護禦嗣工竣查量

係擇要於該汛五六七堡鑲做防風埽工十二段長九百二十一丈五尺商虞廳虞城上汛十四堡順水頭壩上首藏頭埽並順水頭壩三四埽又十五堡順水二壩下首空檔頭二三四埽均係緩修之工舊底擱朽大溜趨注先後匯淨補還新埽七段以上各工經該管開歸道陶福恒督飭各廳營鑲辦穩實足資抵禦臣勘驗並無虛揑現在白露雖過時距霜清尚有四旬長河存水尚未暢消而來源有無續漲未能豫定修守仍應慎重臣當督飭道廳委員周密巡防務保瀾恬以期仰副

聖主廑念河防安益求安之至意為此恭摺具

奏伏乞

皇上聖鑒謹

奏

覽奏均悉

道光二十七年八月　初八　日

九三〇

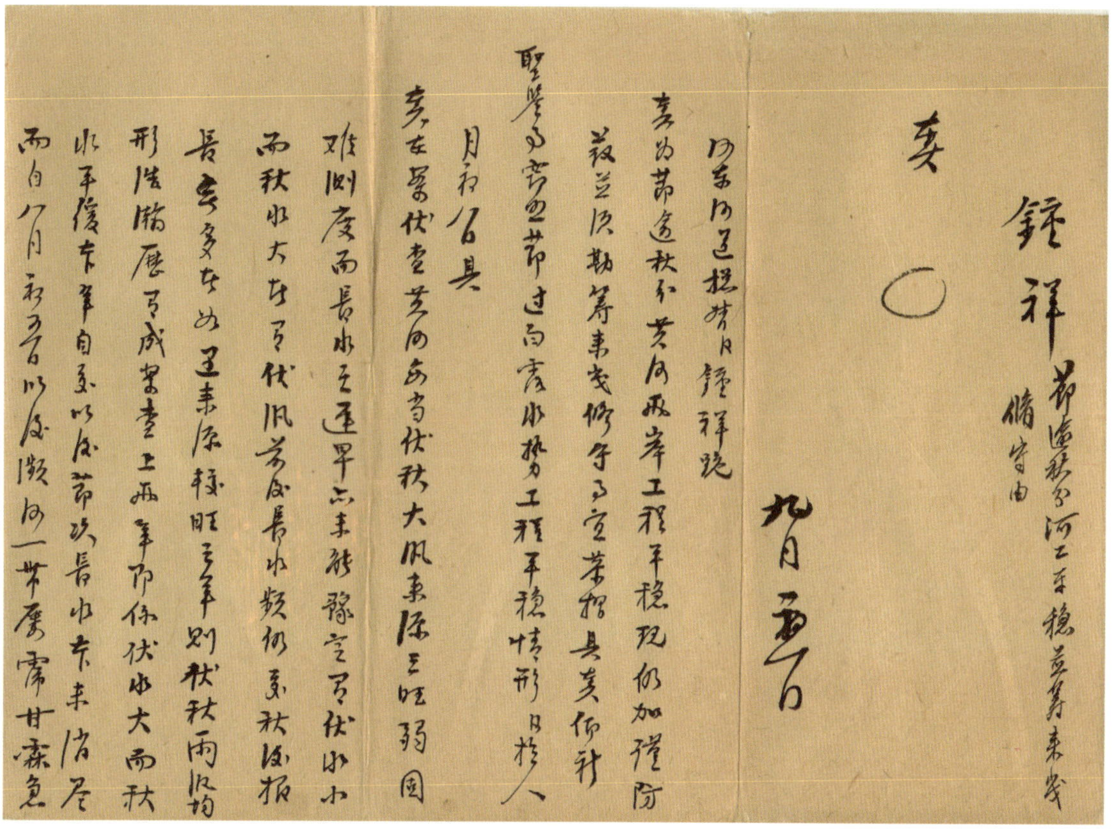

鍾祥 節逾秋分河工平穩並籌來歲
備修由
奏 ○
九月[illegible]日

河東河道總督臣鍾祥跪
奏為節逾秋分黃河兩岸工程平穩現仍加謹防
護並須勘籌來歲修守事宜恭摺具奏仰祈
聖鑒事竊照節過白露水勢工程平穩情形已於八
月初八日具
奏在案伏查黃河每當伏秋大汛來源之旺弱固
難測度而長水之遲早亦未能豫定有伏水小
而秋水大者有伏汛前後長水數次秋汛報
長無多者如道光十五年來源極旺之年則伏秋兩汛均
形漲溢屢有成案查上兩年即係伏水大而秋
水平緩本年自交秋以後節次長水亦未[illegible]
而自八月初五日以後微河一帶屢霈甘霖急

雨桂隄加以上游伊洛瀍澗之水匯流入洛先自
長二三寸後接續如是報長錦隄等處於人
月十四日長水三尺一寸並沁河長報武陟沁
河於閏十四日長水一尺二寸十六日長水
一尺五寸同時接續下注以致各廳積水名長水
大過上兩年盛漲一二三尺餘寸間多漫隄溝
至堤根之處一片汪洋殊形險惡日夜督飭道廳
委員防弁迅速防護倍加謹慎不敢稍遠竊臣亦臨
黃河兩岸各埽因水勢長高岸形卑矮或舊埽
因大溜趨刷平墊入水幸料物多預立即分投
搶廂加高俱臻平穩現在節逾秋分長水尚未
大落防守仍應慎重斷不敢以時近霜清稍任
懈忽該臣又查東年辦過鑲石工程已修護著
又並雖查現存鑲石核計拋用之數以杜虛捏
並量明工段丈尺另案彙核奏
其至東岸修守事宜以伏秋土工為南岸之急著
而防以堤工為根本長堤多高一寸即高一寸
之益惟兩岸一千餘里勢不能同時增培且早

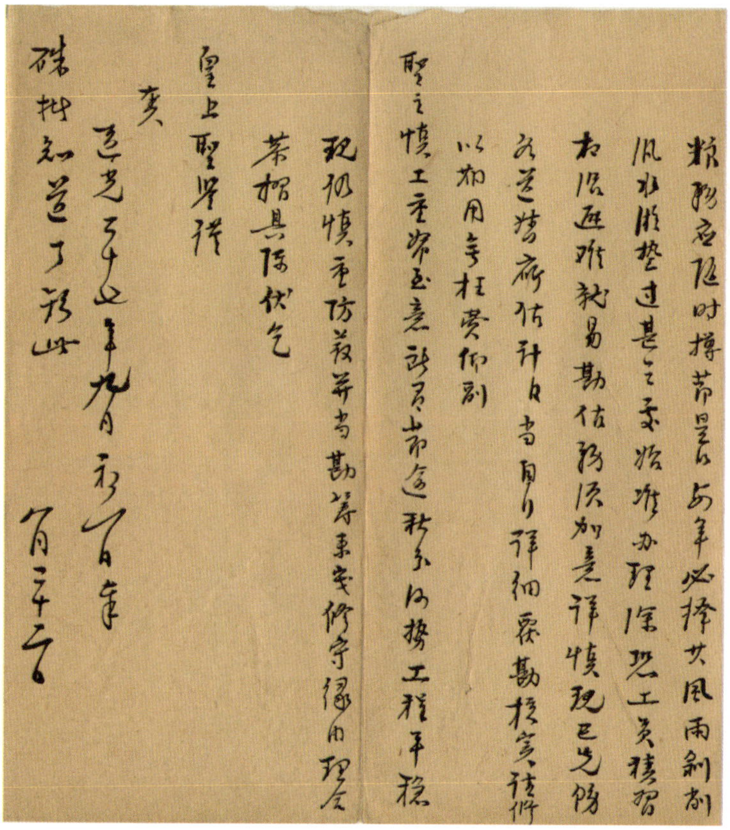

辦務應隨時搶護，是以每年必擇其風雨剝削

風水浪墊過甚之處，將辦理保護工員積習

相沿避難就易勘估，務須加意詳慎。現已先飭

各道督廳估計自當自行詳細察勘，核實確估，

以期用無枉費，仰副

聖主慎工重帑至意。所有山東省運[illegible]秋汛[illegible]工程平穩，

現仍慎重防範，並查勘籌來歲修守緣由，理合

恭摺具陳，伏乞

皇上聖鑒。謹

奏。

道光二十九年九月初十日

硃批：知道了。欽此。

月二十日

九三一

奏

河東河道總督臣鍾祥跪

奏為節逾秋分黃河兩岸工程平穩現仍加謹防護並須勘籌來歲修守事宜恭摺具陳仰祈

聖鑒事竊照節過白露水勢工程平穩情形臣於八月初八日具

奏在案伏查黃河每當伏秋大汛來源之旺弱固難測度而長水之遲早亦未能豫定有伏水小而秋水大者有伏汛前後長水頻仍交秋後報長無多者如遇來源較旺之年則伏秋兩汛均形浩瀚歷有成案查上兩年即係伏水大而秋水平緩本年自交伏以後節次長水本未消盡而自八月初五日以後瀕河一帶屢霈甘霖急

雨挂灘加以上游伊洛瀍澗之水匯流入河先
日長二三寸復據陝州呈報萬錦灘黄河於八
月十一日長水二尺七寸黄沁廳呈報武陟沁
河於八月十一日長水一尺二寸十二日長水
一尺五寸同時接續下注以致各廳積存長水
大逾上兩年盛漲一二三尺餘寸間多漫灘漾
至隄根之處一片汪洋頗形湍激臣督飭道廳
委員往來巡防妥慎修護不敢稍遺餘力其臨
黄各處或新埽因水勢長高尚形卑矮或舊埽
因大溜趨刷平蟄入水幸料物錢糧應手分投
搶鑲加高俱臻平穩現在節逾秋分長水尚未
大落防守仍應慎重斷不敢以時近霜清稍任
懈忽所有各廳本年辦過甎石工程已飭該管
各道確查現存甎石覈計拋用之數以杜虛捏
並量明工段丈尺另容覆覈彙
奏至來歲修守事宜以估辦土工為當務之急蓋
河防以隄工為根本長隄多高一寸即受一寸
之益惟兩岸一千餘里勢不能同時增培且錢

糧務應隨時撙節是以每年必擇其風雨剝削
汎水淤墊過甚之處始准辦理深恐工員積習
相沿避難就易勘估務須加意詳慎現已先飭
各道督廳估計臣當自行詳細覆勘覈實請修
以期用無枉費仰副
聖主慎工重帑至意所有節逾秋分河勢工程平穩
現仍慎重防護并當勘籌來歲修守緣由理合
恭摺具陳伏乞
皇上聖鑒謹
奏
知道了
道光二十七年八月　二十二　日

九三二

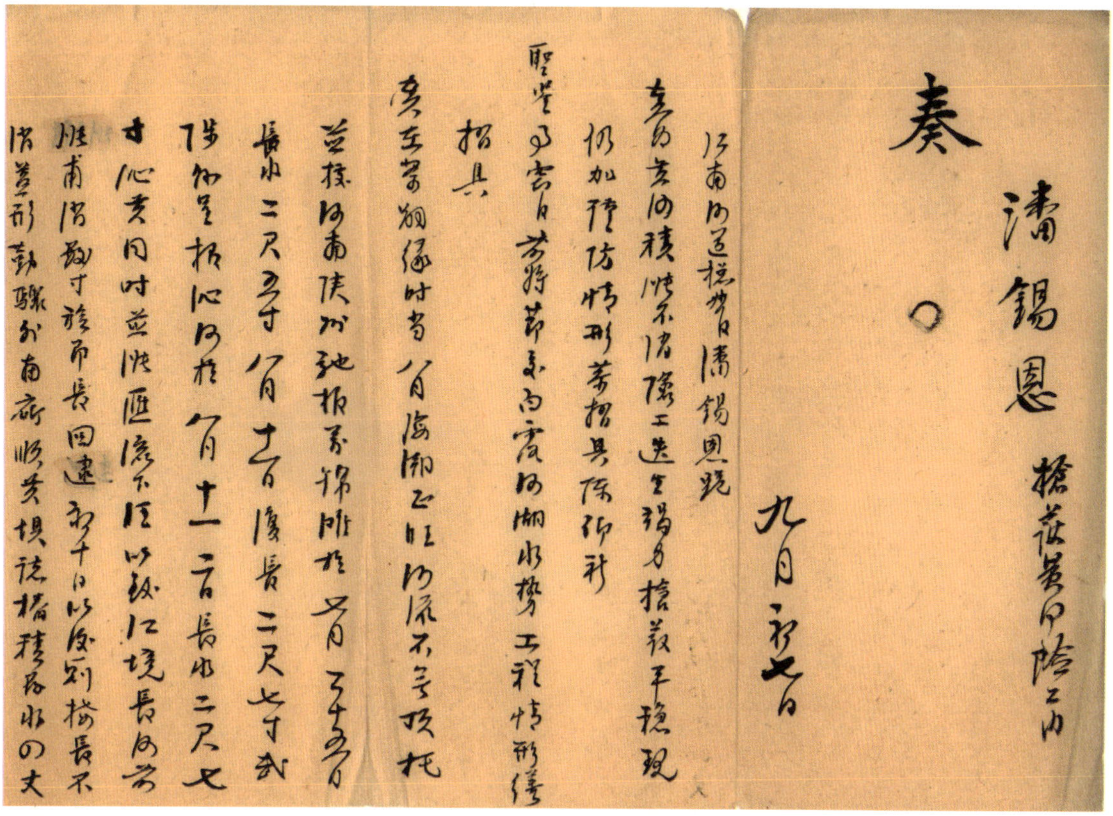

二尺五寸，比上年盛漲大至五尺三寸，比本年伏汛尚大二尺四寸。其時上下各廳，亦長水四五尺不等，各工搶險甚至吃重。臣親赴南工，次將堤查看，因流洶猛奔騰，異常湧溜，臨黃搶埽，埽刷墊塌，平水入水三段不一而足，其內唇接低之處，普律漫灘，直抵堤根，深至數尺，目擊險要情形，倍深憂懔（凜）。隨即分遣道將馳往各廳，督率將弁文武相機搶辦，凡埽壩刷塌之處，補還鑲壓，加廂其身，其有水深之處，趕廂墊，遂酌挑不辭偎築，並於臨水寬深之處，捧廂做防風，以衛堤身。復思本屆大汛，漲水甚大，不得不亟籌分減，而上游銅瓦廂之天然閘十八里屯減壩本為減漲而設，是經奏定以綠水誌北岸工水誌長至二丈五尺啟放，此由堤下引河歸入洪澤湖，播水勢已長至二丈四尺七寸，當即專弁齎令星夜馳往該管道廳，迅即啟放，尚未據稟，惟猶幸各廳工程現在分投搶護，大致可保無虞。

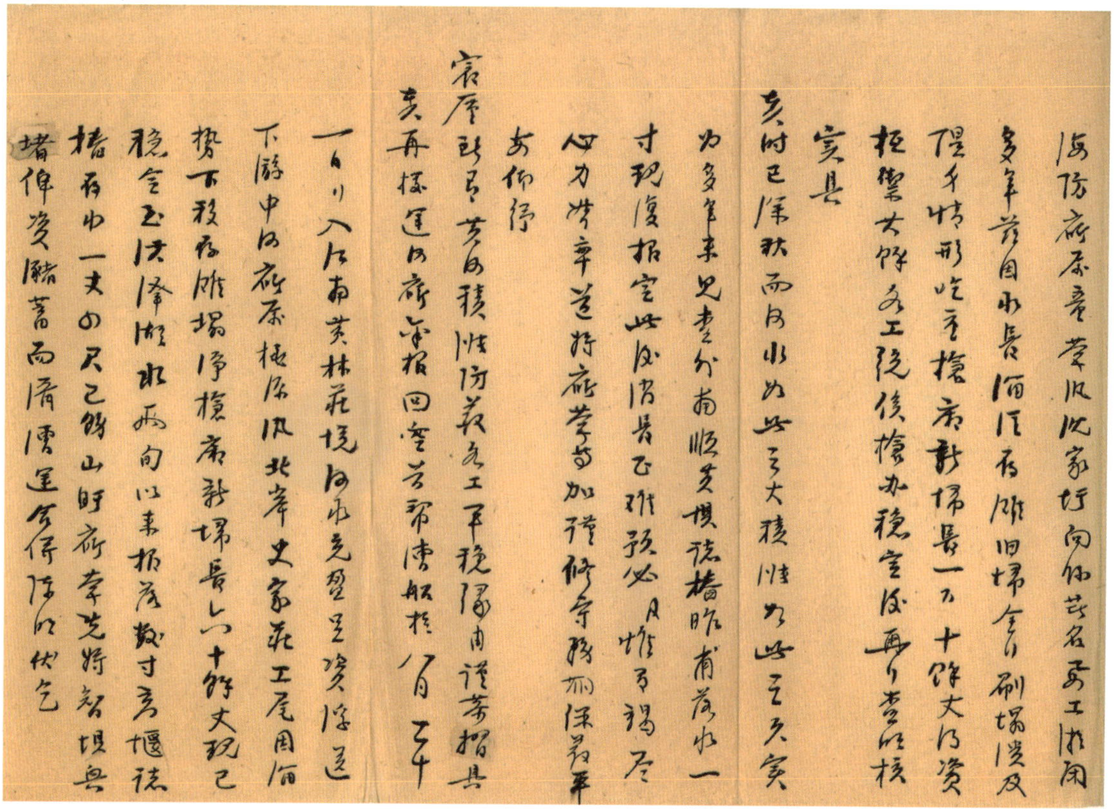

海防廳原奏蕭坝沈家圩向係著名要工兼因
多年前因水長逼近舊埽今刷塌後及
堤身情形吃重搶廂新埽長一百十餘丈乃資
捍禦大汛安工既後搶辦穩定經再行查核
實具
奏時已深秋而內水如此之大積惟如此之久實
為多年來見查分南岸黃壩該壩昨有沖水一
寸現復招定此段河身已非舊必且堵禦不致
心力幸導將廳等督加謹修守務期保護平
安仰停
宸廑臣等查南積惟防護各工平穩謹將本謹奏摺具
奏再據運河廳禀截回空各幫漕船於月二十
一日入南黃林莊境由河免盛至涂送
下游中河廳原接入北岸史家莊工尾因河
勢下移致堤塌淨搶廂新埽長七十餘丈現已
穩定至清江漕淤兩向以來頂沖數寸高堰礄
積存水一丈四尺已飭山盱廳李先將智壩與
堵俾資蓄而濟漕運合併陳明伏乞

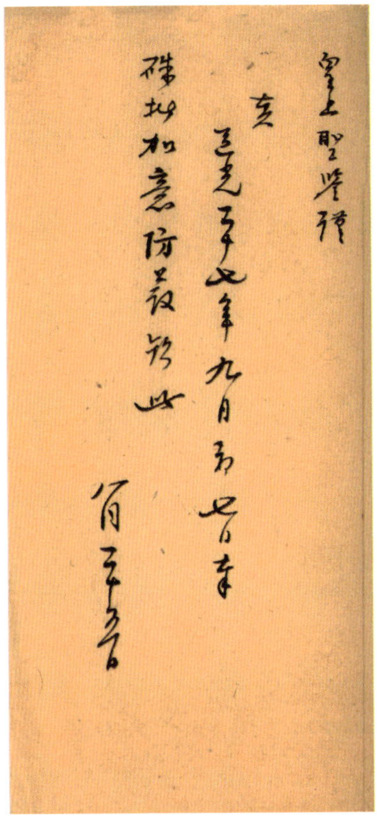

皇上聖鑒謹
奏
道光十七年九月初七日奉
硃批：加意防範。欽此。
[illegible]

九三三

奏

江南河道總督臣潘錫恩跪

奏為黃河積漲不消險工疊生竭力搶護平穩現
仍加謹修防情形恭摺具陳仰祈
聖鑒事竊臣前將節交白露河湖水勢工程情形繕
摺具
奏在案嗣緣時當八月海潮正旺河流不無頂托
並據河南陝州馳報萬錦灘於七月二十五日
長水二尺五寸八月十一日復長二尺七寸武
陟縣呈報沁河於八月十一二日長水二尺七
寸沁黃同時並漲匯流下注以致江境長河前
漲甫消數寸旋即長回逮初十以後則接長不
消益形勤驟外南廳順黃壩誌樁積存水四丈

二尺五寸比上年盛漲大至五尺三寸比本年
伏汛尚大二尺七寸其餘上下各廳亦長水四
五尺不等各工報險者坐至臣親赴外南工次
沿隄查看河流浩瀚奔騰異常湧激臨黄壩埽
搜刷蟄塌平水入水之段不一而足其河唇較
低之處普律漫灘直抵隄根深至數尺目擊險
要情形倍深凜慄隨即分遣道將馳往各廳督
率該管文武相機搶辦凡埽壩刷塌者摟補卑
矮者加鑲其有水深溜急旋鑲旋蟄之段酌拋
碎石偎護並於灘水寬深處所擇要鑲做防風
以衛隄身臣復思來源太旺漲滿堪虞不得不
亟籌分減而上游銅沛廳屬之天然閘十八里
屯滚壩本為減漲而設曾經
奏定以徐州北門工水誌長至二丈五尺啟放水
由壩下引河歸宿洪澤湖據報水勢已長至二
丈四尺七寸當即專弁齎
令星夜馳往諄飭道廳迅即啟放尚未據稟覆猶
幸各廳工程現在分投搶護大致可冀無虞其

海防廳屬童營汛沈家圩向係著名要工淤閉
多年兹因水長溜注存灘舊埽全行刷塌潰及
隄身情形喫重搶鑲新埽長一百十餘丈得資
抵禦其餘各工統俟搶辦穩定後再行查明核
實具
奏時已深秋而河水如此之大積漲如此之久實
為多年未見查外南順黃壩誌樁昨甫落水一
寸現復報定此後消長正難預必臣惟有竭盡
心力督率道將廳營等加謹修守務期保護平
安仰紓
宸廑所有黃河積漲防護各工平穩緣由謹恭摺具
奏再據運河廳稟報回空首幫漕船於八月二十
一日行入江南黃林莊境河水充盈足資浮送
下游中河廳屬桃源汛北岸史家莊工尾因溜
勢下移存灘塌淨搶鑲新埽長六十餘丈現已
穩定至洪澤湖水兩旬以來報落數寸高堰誌
樁存水一丈四尺已飭山盱廳營先將智壩與
堵俾資瀦蓄而濟漕運合併陳明伏乞

皇上聖鑒謹

奏

加意防護

道光二十七年八月　二十五　日

再臣前因大汛工需不敷請添撥銀五十萬兩
奏奉
硃批戶部議奏嗣經部臣議覆以南河自二十三年
以來另案之請無歲不有合計不下一百餘萬
即二十三四兩年歲料大汛工需少撥銀八十
萬亦係東河尚未合龍桃北廳崔鎮汛漫口以
下均屬無工並非無故少撥何致節節豫提致
令河庫不敷銀至六十餘萬之多惟查時值大
汛擬共撥給銀三十萬兩等因具奏奉
旨依議欽此咨行到臣伏查二十三年以後另案請
撥銀兩係豫備黃流歸正各廳挑河加培大隄
堵閉壩河及專案估辦各工之用皆與常年修
防無涉其二十三四兩年東河年工未堵黃流
匯注洪澤湖不特高堰山盱裏河揚河等廳工
程險要即桃南北以下黃河各廳因湖水由于
工尾吴城七堡順清河等處外出暢流歸海兩
岸各工亦均照常修守是漫口以下未嘗無工
至常年撥款誠如部臣所云額定歲料並大汛

每年撥銀二百七十萬兩加以各省額解六十餘萬共計三百三十餘萬但每年用項難定即如二十五年因黃流復故險工疊出歲搶修另案等工共用銀四百五十餘萬兩報銷冊及清單開報甚明並未另請添撥若非隨時加意撙節酌盈濟虛則二十五六兩年不敷豈止六十餘萬臣受

恩深重具有天良稔知經費支絀但能竭力支持斷不敢上瀆

宸聽本年添請工需實出萬不得已其時河庫已存銀無幾旋因各廳添購料物估辦要工在在需銀應用撥款來文未到祗得將扣存減平銀十四萬餘兩先行借動又借用淮關銀五萬兩以資支放今雖奉部撥給銀三十萬兩而值此黃河異漲南北兩岸隄長二千餘里分投搶護所用已經不少況現距霜降尚有兩旬水勢停積不消工程平險難知通盤籌計實屬不敷所借動減平銀兩係應解部之項亦須亟籌歸補惟

有仰懇
天恩俯准
勅部仍將前請未撥銀二十萬兩即於就近藩關運
庫迅速如數撥解來工俾資接濟並歸還借款
感戴
鴻慈洵無既極不揣冒昧附片瀝陳伏乞
皇上聖鑒訓示謹
奏

另有旨

九三四

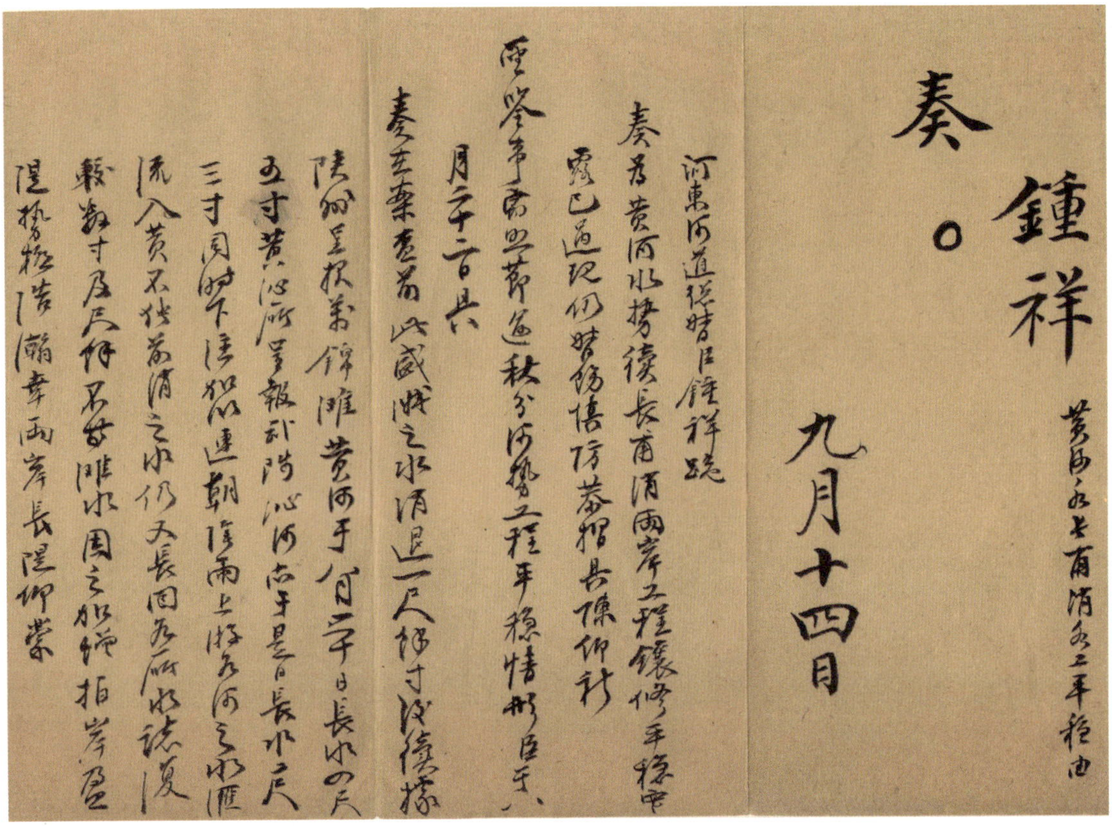

黃河水長旋消兩岸工程平穩由

鍾祥

奏。

九月十四日

河東河道總督臣鍾祥跪

奏為黃河水勢續長旋消兩岸工程鑲修平穩寒

露已過現仍督飭慎防恭摺具陳仰祈

聖鑒事竊照節逾秋分河勢工程平穩情形臣于八

月二十二日具

奏在案查前此盛漲之水消退一尺八寸後續據

陝州呈報萬錦灘黃河于八月二十日長水四尺

五寸黃沁廳呈報武陟沁河亦于是日長水二尺

三寸因陝州以下復經連朝陰雨上游各河之水匯

流入黃不特前消之水仍又長回各廳水誌復

較前增長寸及尺餘不等溜水因之加緊拍岸盈

堤勢極浩瀚幸兩岸長堤仰蒙

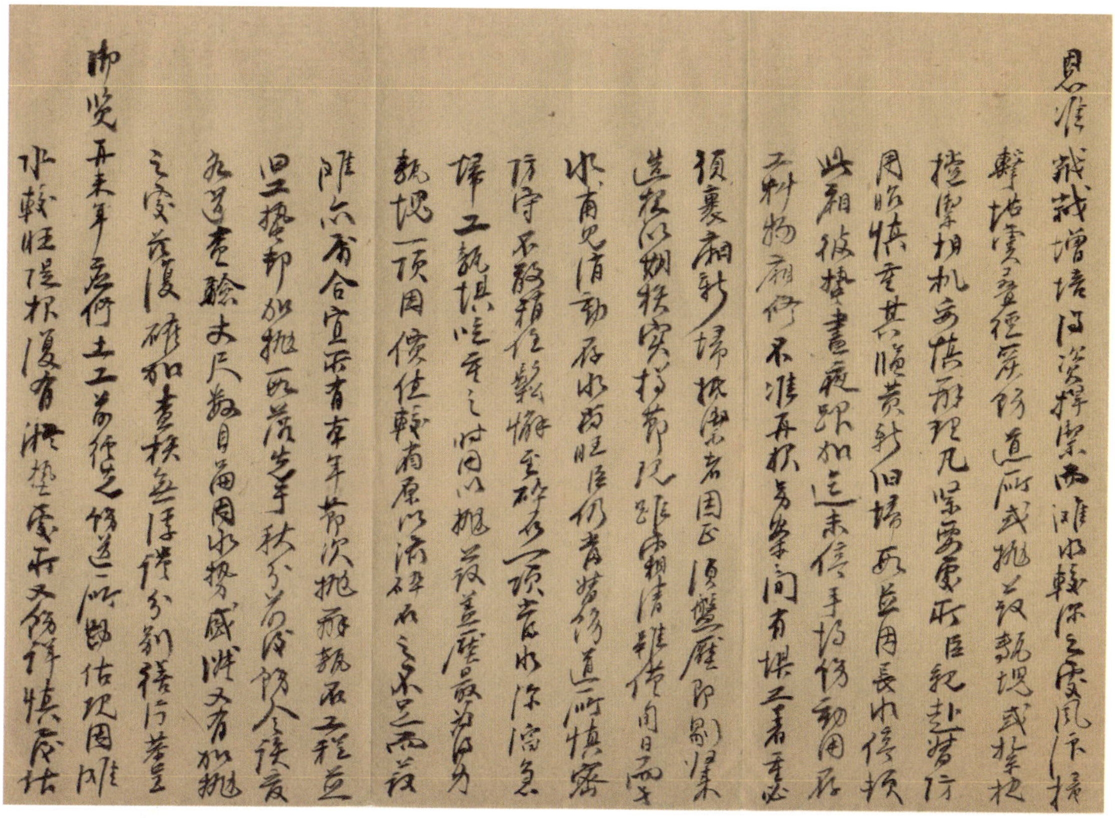

恩准
裁減增培，因從撙節。兩灘水較深之處，風浪撞
擊堪虞，並經案防道廳或拋石段甎埧，或排樁把
擋，案相機妥協辦理。凡緊要處所，臣親赴督飭
周歷，慎重其事。隨查新舊埽段，並用長水停頓
此類彼接，晝夜跟加追來後手協防，動用存
工料物頗多，不准再報另案。間有堤工者，更必
須裏頭新埽，根底甚固，不須盤壓，即剔槽
並拋，以期穩實撙節。現雖中相清難信，內日而堤
水有見消動，存水而旺，臣仍督飭道廳慎密
防守，不致稍任鬆懈。至碎石一項，最為保固急
埽工新填，難免之時，用以拋護，並壓蓋最為得力。
甎埧一項，因價值較省，原以濟碎石之不足，而並
非亦有合宜。今有本年節次拋辦甎石工程，並
四五接部咨撥一段，茲屆秋汛後，飭令該廳
道員查驗丈尺數目，當因水勢盛漲，又有加拋
之處，並復碎加盡核無浮，俟分別請行，恭呈
御覽。再，來年應辦土工，節經飭道廳勘估，現因灘
水較旺，堤根復有洪塹處所，又飭詳慎履估

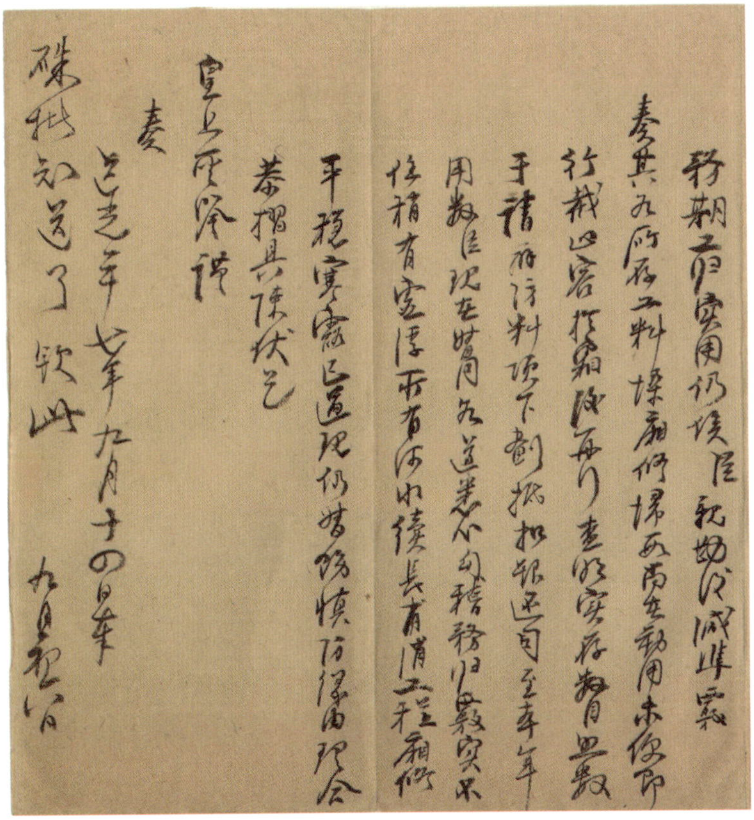

務期工歸實用，仍俟臣親勘，代減準需
奏。其五廳存工料埽廂，仍歸兩廳，尚在動用，未便即
行裁汰之處，容臣督飭該員，再行查明實存數目，照數
再請旨。所存料垛，下剩撥補，報部，迄至本年年
用，數臣現在督同各道，悉心勾稽，務歸數實，不
任稍有虛浮。再查河水續長，甫消，工程廂做
平穩，實屬臣道現仍督飭慎防，保固。理合
恭摺具陳，伏乞
皇上聖鑒。謹
奏。
道光七年九月十四日奉
硃批：知道了。欽此。 九月[illegible]

九三五

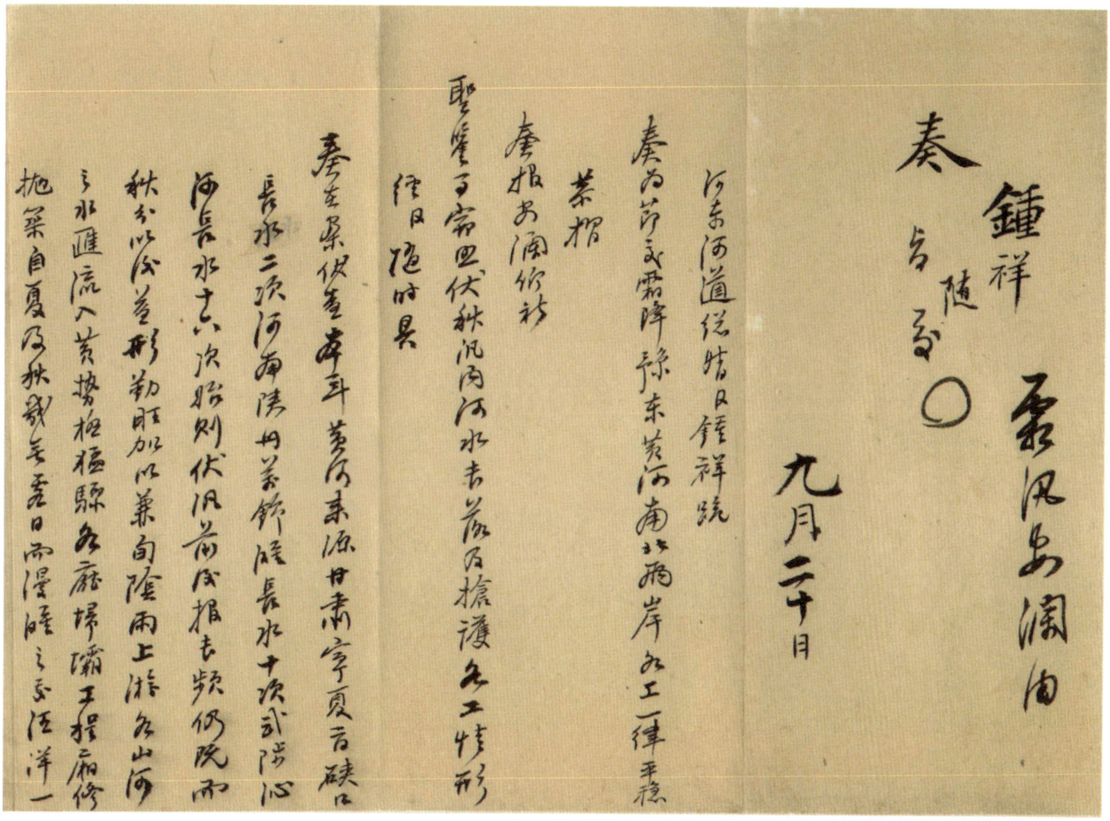
東河安瀾由

鍾祥

奏

旨隨發

○

九月二十日

河東河道總督臣鍾祥跪

奏爲節交霜降豫東黄河兩岸各工一律平穩

恭摺

奏報安瀾仰祈

聖鑒事竊照伏秋汛内河水長落及搶護各工情形

經臣隨時具

奏在案伏查本年黄河來源甘肅寧夏吉硤口

長水二次河南陝州萬錦灘長水十次武陟沁

河長水十六次較之伏汛前後報長頻仍既而

秋分以後甚形勤旺加以兼旬陰雨上游各山河

之水匯流入黄勢極猛驟各廳埽壩工程兩修

搶築自夏及秋幾無虚日而漫灘之處汪洋一

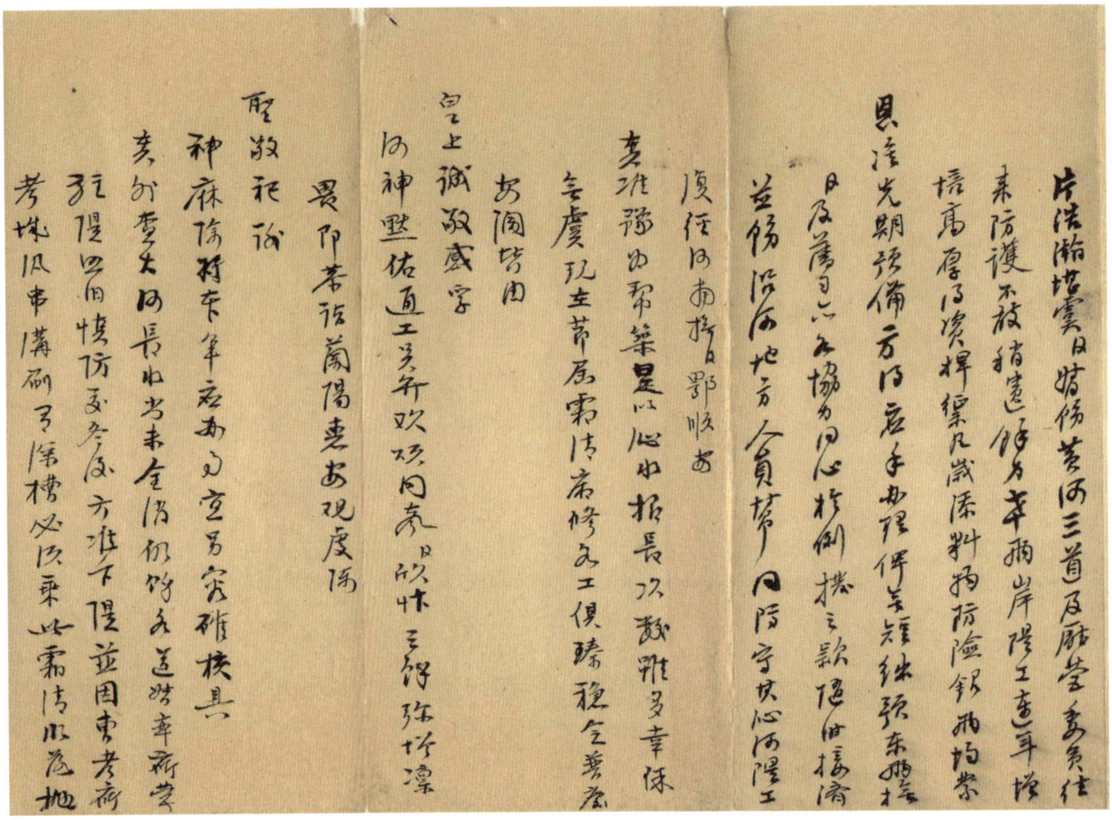

片[illegible][illegible]雲日[illegible]傷黄河三道及[illegible]委員往
來防護不致稍遠[illegible]幸兩岸隄工遠年增
培高厚乃資捍禦凡歲添料物防險銀兩均蒙
恩准先期預備方得應手辦理俾[illegible][illegible][illegible]預先搶
日及[illegible]省心力協力同心於例撥之款[illegible][illegible]撙濟
並飭沿河地方令員帮同防守[illegible]心河隄工
復經河南撫臣鄂順安
奏准撥款幫築是以心力稍長次第[illegible]雖多幸保
無虞現在節屆霜清所有修築工俱臻穩固[illegible]要之
安瀾皆由
皇上誠敬感孚
河神默佑[illegible]工[illegible][illegible]欣[illegible]同慶[illegible][illegible][illegible][illegible][illegible]
恩即[illegible][illegible]蘭陽[illegible]安[illegible]度[illegible]
聖[illegible]祀[illegible]
神麻[illegible][illegible][illegible]年[illegible][illegible][illegible][illegible][illegible][illegible]具
奏[illegible][illegible][illegible]河長[illegible][illegible]未全[illegible][illegible][illegible][illegible][illegible][illegible][illegible][illegible]
[illegible]隄[illegible][illegible]慎防[illegible]冬[illegible]方准下隄並因[illegible][illegible][illegible]
[illegible][illegible]風串溝[illegible][illegible][illegible][illegible]必[illegible][illegible][illegible]霜清[illegible][illegible]抛

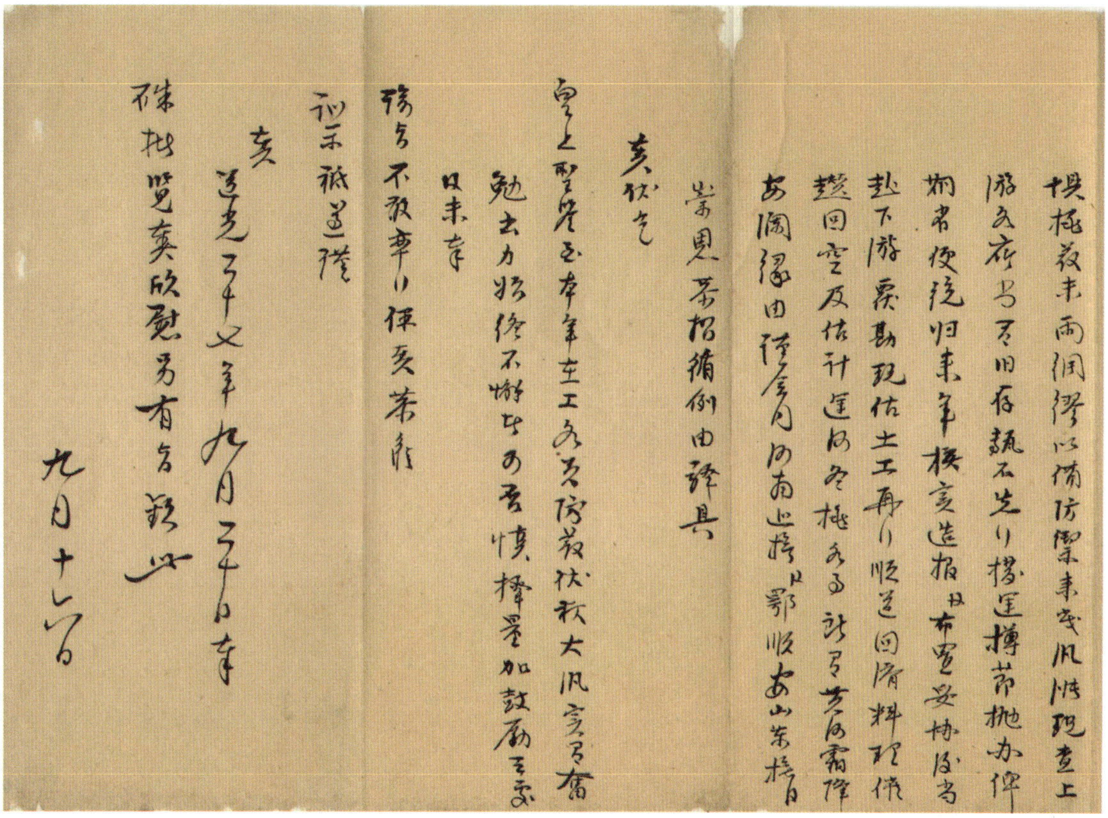

堤根，兹來兩個月以備防禦秋風汛。現查上游各廳另有舊存碎石，先行撥運，撙節拋砌，俾……

崇恩等招循例由驛具奏，伏乞

皇上聖鑒。至本年在工各員防護伏秋大汛，實屬奮勉出力，始終不懈，其可否擇尤加鼓勵之處，[illegible]，臣等不敢率行保奏，恭候

祈示祇遵。

奏

道光二十八年九月二十日奉

硃批：覽奏欣慰，另有旨。欽此。

九月十六日

九三六

鍾祥 請修黃河土工

交〇

十二月十七日

河東河道總督臣鍾祥跪

奏為親勘減淮豫東黃河兩岸戊申年土工最要

請修以資捍衛，恭摺具陳，仰祈

聖鑒事。竊照豫東黃河地居上游，向無埽壩，全恃兩岸隄工高厚，崇墉庶足以資抵禦。每歲歲增培，均係擇要辦理。本年長水勤旺，漫灘之處較多，一經水退，游停隄壩即形卑薄，並有河勢坐灣塌卸近隄，應行添築埽戧處所，按現在情形而論，來歲土工必須酌量寬估。惟

國家經費有常，即亟應辦理之工，仍須力求撙節。

因期無誤無靡，是以臣於各該道督廳估計到日，親赴各工，雖加覆勘減，擇其實在

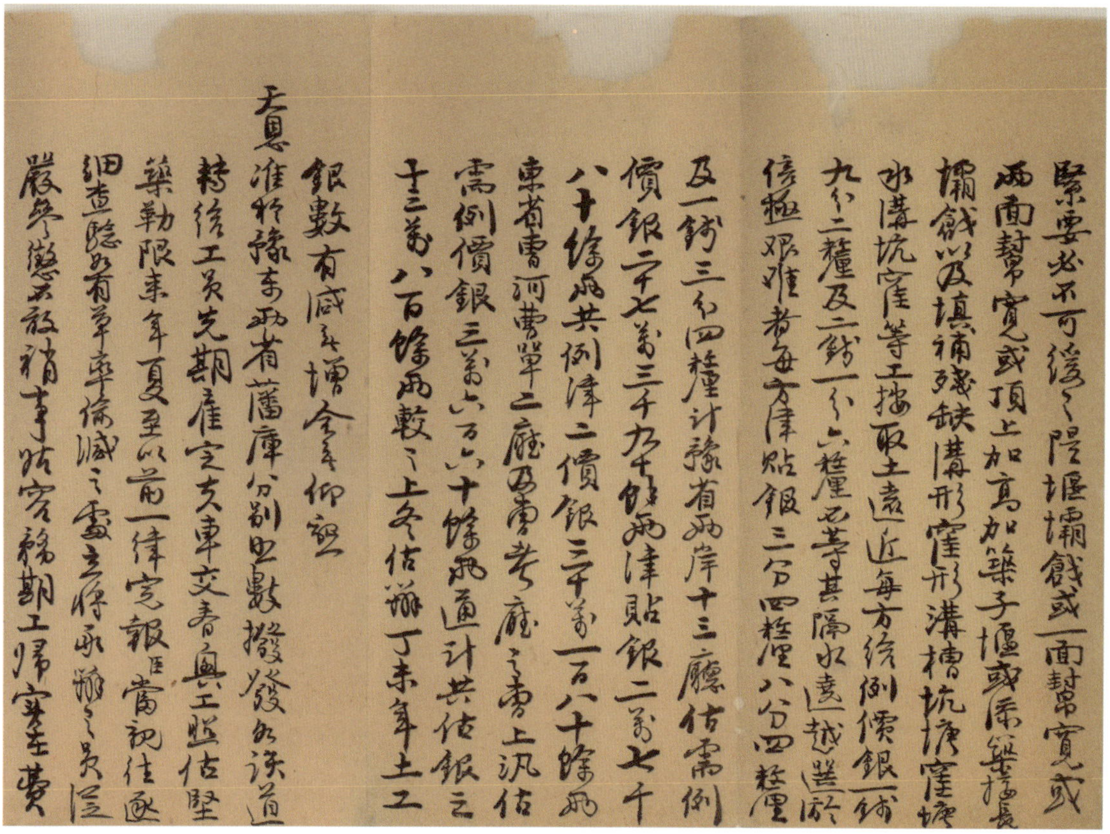

緊要必不可緩之隄堰壩戧或一面幫寬或
兩面幫寬或頂上加高加築子堰或係築接長
壩戧以及填補殘缺溝形窪形溝槽坑塘窪塘
水溝坑窪等工挑取土遠近每方維例價銀一錢
九分二釐及二錢一分六釐七毫等其隔水遠越路於
係極艱難者每方津貼銀三分四釐八分四釐
及一錢三分四釐計豫省兩岸十三廳估需例
價銀二十七萬三千九百餘兩津貼銀二萬七千
八十餘兩共例津二價銀三十萬一百八十餘兩
東省曹河曹單二廳及曹考廳之曹上汛估
需例價銀三萬六千六十餘兩通計共估銀三
十三萬八百餘兩較之上冬估辦丁未年土工
銀數有減無增合無仰懇
天恩准於豫東兩省藩庫分別照數撥發以資道
轄僱工員先期雇定夫車交春興工照估堅
築勒限來年夏至以前一律完報臣當親往逐
細查驗如有草率偷減之處立將承辦之員從
嚴參懲不敢稍事姑容務期工歸實在費

不虛糜以仰副
聖主慎重工帑之至意所有應勘減准請修戊申年
土工緣由謹循例會同河南撫臣鄂順安山東撫臣
崇恩恭摺具陳伏乞
皇上聖鑒
訓示謹
奏
道光二十七年十二月十七日奉
硃批該部議奏片二件併發欽此
十二月初七日

九三七

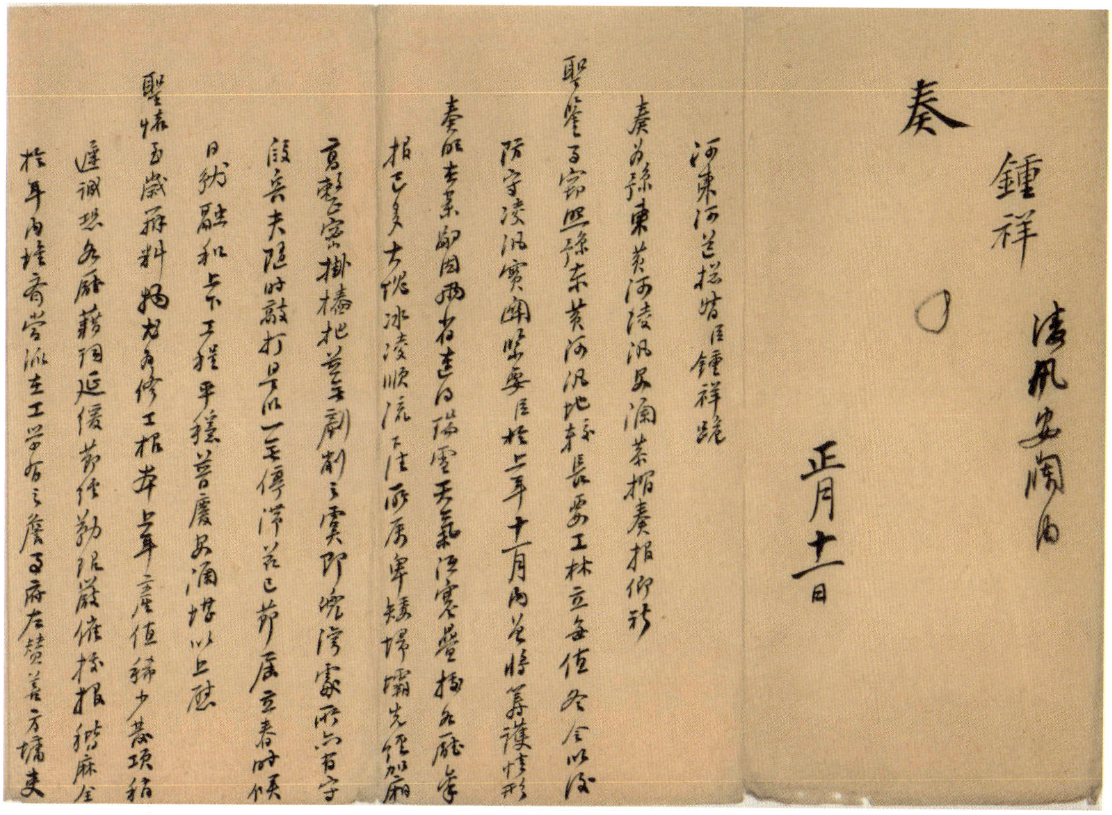
奏
鍾祥
〇　凌汛安瀾由
正月十一日
河東河道總督臣鍾祥跪
奏爲豫東黄河凌汛安瀾恭摺奏報仰祈
聖鑒事竊照豫東黄河汛地綿長要工林立每值冬令必須
防守凌汛實關緊要臣於上年十一月內先將籌護情形
奏明在案節因兩省迭得瑞雪天氣沍寒疊據各廳稟
報已交大汛冰凌順流下注兩岸埽壩先經加廂
高整密掛椿把葦束劚劚之處即行撈護兩岸守
護兵夫隨時敲打是以一無停滯茲已節屆立春時候
日就融和豫東兩省工程平穩普慶安瀾堪以上慰
聖懷至歲料物為修工根本上年產價稀少甚形拮
遲誤恐各廳移緩延緩節候勤限嚴催標根秸麻全
於年內堆齊嘗派在工弁之屬多方協辦方壩支

飭候補主簿孫傳懿分赴兩岸逐細親勘嵩年短少共
瓶不等現在源源運購臣先委各道分廳驗收俟皆
蓆運河挑工完竣即飭該各廳按數後驗不任稍有餘
備春培土工先經奏蒙
恩准奉撥款項亦已陸續解緑來全各該道等乘時赶
辦限於汛前完竣臣思工員賢否不一全在該管上司嚴
密巡查有觧即辰方能工收實效除已查照與築辛
程剴切諄飭外宜俟春汛到工再行按段確查如有
偷減不實立即指參示儆庶有濟伏汛安瀾理合恭
摺具
奏伏乞
皇上聖鑒謹
奏
道光二十八年正月十四日奉
硃批知道了欽此
正月初四日

九三八

奏

河東河道總督兼署河南巡撫臣鍾祥跪

奏為秋分已交黃河兩岸工程修守平穩現仍督

飭慎防務保安瀾恭摺

奏祈

聖鑒事竊照節逾白露修工平穩緣由臣於八月二

十一日具

奏在案伏查黃河各路來源每年長水遲早本無

一定本年伏前先經報長多次迨立秋前後來

源勤旺接續下注勢極浩瀚幸消退尚速不致

停頓滋虞自交八月以來未曾續長而秋水搜

淘各廳臨黃埽壩仍間有蟄鑲之處均經臣嚴

飭道廳擇要辦理可緩即緩以昭節慎其實因

河溜側注舊埽匯塌刷及隄壩情形緊要必須
鑲護者亦即擇要辦理如南岸下南河廳祥符
上汛二十一堡新三壩上首空檔順隄本有淤
閉舊埽道光二十二年善後加幫土工案内估
壓無存今因河溜逼注匯刷隄坦趕於該處空
檔搶鑲順隄新埽四段睢寧廳睢州下汛五堡
西戧壩頭二三埽並六堡挑水二壩壩頭舊埽
二段均係上年緩修大溜提坐朽底先後匯淨
分投補鑲埽工五段商虞廳虞城上汛十五堡
順水頭壩頭二埽並順水三壩頭二埽俱係停
修舊工底料朽腐溜逼搜淘陸續匯塌按段補
還新埽四段以上各工均經該管開歸道督飭
廳營鑲壓穩實抵禦甚爲得力至各廳甎石工
程現在水未續漲已飭停抛不准再行動用一
面嚴飭各該道將節次抛辦之工覈實查驗惟
水中探量恐未能準確而各廳舊存並派辦添
辦甎石俱有底册可稽驗量現存數目以計抛
用之數則絲毫未能虚捏統俟查竣另容覈

奏臣現兼署撫篆駐工處所去省不遠謹當督飭
黃河道廳凜遵
訓諭處處留心周密修防不任稍有怠忽務期工固
瀾恬以仰副
聖主慎重河防安愈求安至意所有節交秋分修守
工程平穩情形理合恭摺具
奏伏乞
皇上聖鑒謹
奏
知道了
道光二十八年九月　初三　日

九三九

奏

河東河道總督臣鍾祥跪

奏為節逾寒露黃河工程督防平穩現在勘籌來歲修守事宜恭摺

奏祈

聖鑒事竊照節交秋分修守工程平穩情形臣於九月初三日具

奏後旬餘以來黃河來源未報陡長惟因大雨連朝灘水匯流入河各廳報長水數寸及尺餘不等旋即見消兩岸埽壩督飭防護悉臻穩固各廳甎石工程自上年霜降後起至本年秋分前止節次報拋數目先經飭令該管各道按廳覈實量驗臣復經確查無浮除曹考廳考城汛夫

十一堡堵截溝口抛築順挑甎壩一道接堵斜
甎壩一道各長丈及抛辦情形業於上冬慎防
凌汛摺内分晰
奏明外嗣因本年伏秋汛内河水節長溜急搜淘
各該壩屢次刷蟄隨時加抛高厚外面抛護碎
石裏面澆築土戧共長一百四十一丈五尺始
克抵禦無虞統計先後共抛用新舊甎一萬六
千九百八十方其餘各廳抛辦過甎石工段仍
循案分繕另片恭呈
御覽所有各廳用存稭垛應於請辦防料項下劃抵
扣銀還司以歸撙節現在挨廳點查一面將本
年統用銀數詳慎勾稽不任絲毫浮冒至來歲
修守事宜以估辦土工為當務之急蓋兩岸長
隄為生民保障總恃工程鞏固用資抵禦方保
無虞本年自夏徂秋雨澤過多隄頂坦坡疊次
大雨傾注衝刷水溝浪窩不少雖經隨時嚴札
道廳督汛填墊誠恐倉猝填築未能一律堅實
全賴新估增培土工如式方能隱患悉除先已

通飭各道督廳擇要估計新任河南撫臣潘鐸
業經到省臣於九月十一日交卸兼署撫篆即
赴上游勘查俟霜降駛
奏安瀾後再至下游覆勘確切删減務期處處覈
實以仰副
聖主慎工重帑之至意所有節逾寒露黃河工程督
防平穩並勘籌來歲修守事宜緣由理合恭摺
具奏伏乞
皇上聖鑒謹
奏
知道了
道光二十八年九月　廿　日

再兩岸各廳本年拋辦甎工兹已勘驗屬實係
豫省南岸上南河廳中牟上汛頭堡楊橋戧頭
壩前甎壩加拋長十二丈七尺中河廳中牟下
汛六堡順河土堰前第七道甎壩加拋長七丈
一尺下南河廳祥符上汛十七堡北面土壩外
第一道順壩前拋築甎壩一道長二丈五尺蘭
儀廳儀封上汛三堡蓋壩迤上護厓甎壩加拋
接長六丈五尺又挑水壩尾頭埽上跨角拋築
甎壩一道長四丈八尺儀睢廳睢州上汛三堡
順水三壩上跨角甎壩加拋長六丈睢寧廳睢
州下汛六堡挑水三壩上首空檔甎壩加拋長
五丈八尺商虞廳虞城上汛十二堡托三壩前
甎壩加拋長四丈一尺北岸祥河廳祥符上汛
十六堡第二道挑壩上首甎壩加拋長七丈五
尺下北河廳蘭陽汛十三堡頭道挑壩頭埽上
首順厓甎壩加拋長十丈又二道挑壩二埽以
下空檔頭埽下首舊埽前甎挑壩內第一第四
兩道加拋長五丈一尺及五丈五尺東省曹河

廳曹下汛二堡上年抛做護灘甎垛三道加抛
接長並於迤下塌灘較緊之處添抛甎垛一道
共新舊甎垛四道牽長二丈八尺三寸至五丈
二尺以上各工覈計每道用甎自九十餘方至
五百五十餘方不等俱係應辦之工挑禦河溜
甚為得力另容彙繕清單具
奏合先附片陳明伏乞
聖鑒謹
奏

覽

再本年各廳拋辦碎石工段係豫省南岸上南
河廳鄭州上汛八堡順三壩新頭埽上首拋築
石垜一道並拋護舊二埽中河廳中牟下汛九
堡北面托頭壩舊有碎石之九埽並十埽及戧
二壩五埽下南河廳祥符上汛十九堡蓋壩新
二埽舊有碎石之甎壩外並新四埽下跨角下
首舊有碎石之甎挑壩外蘭儀廳蘭陽汛九堡
西戧壩舊有碎石之四埽並柴壩五埽儀睢廳
睢州上汛三堡順水頭二壩舊有碎石之各甎
壩外睢寧廳睢州下汛六堡挑水二壩上首順
隄頭埽迤上空檔舊有碎石之甎壩外商虞廳
虞城上汛十三堡蓋頭壩舊有碎石之甎壩外
北岸黃沁廳唐郭汛攔黃堰三壩下首南面頭
二三道護壩前舊有碎石之各甎壩外又武陟
汛馬工挑水壩頭西面拋護石垜二道衛糧廳
封邱汛西圈堰第三段下首南面接長土壩舊
有碎石之西面祥河廳祥符上汛十六堡第三
道挑壩二三兩埽中間下北河廳蘭陽汛銅瓦

鑲上壩下首舊有碎石之三埽並十七堡斜頭
壩舊有碎石之頭埽曹考廳考城汛夫十一堡
新築斜瓴壩迎溜吃緊處所拋護碎石一段長
四十九丈東省曹河廳曹下汛五堡順水二壩
舊有碎石之三埽曹單廳單下汛三堡新三壩
下首人字壩舊有碎石之頭埽以上各工均已
督飭該管各道勘驗屬實尚無虛捏數計每段
用石自九十餘方至一千九百餘方不等另容
將丈尺細數彙繕清單恭呈
御覽謹先附片陳
奏
覽

九四〇

奏

河東河道總督臣鍾祥跪

奏為節交霜降豫東黄河兩岸工程防守平穩普

慶安瀾恭摺

奏報仰慰

聖懷事竊照伏秋汛内河水節長廂護各工情形均

經臣隨時具

奏在案伏念河防關係至重而每歲各路來源長

水之大小以及兩岸工程之平險勢難預定查

本年伏前先經報長多次迨立秋前後來源勤

旺接續下注勢極浩瀚加以自夏及秋大雨頻

仍兩厓灘水匯歸大河添波助流益形湍激各

廳臨黄埽壩或舊埽蟄塌或新工汕刷時形險

要臣督飭道廳營委各員分投廂修防護不敢
稍遺餘力凡料物錢糧均蒙
恩准先期預備豫東兩撫臣及藩司亦各協力同心
於例支之款隨時撥發辦理各工一律平穩至
長隄無工之處當盛漲漫灘之候風浪鼓盪撞
擊并督飭沿河各州縣協同防汛大小委員分
段住守防護悉保無虞現在節屆霜降仰叨
皇上福庇
河神默佑全河普慶安瀾臣欣幸之餘彌深感畏
恭詣蘭陽惠安觀敬謹祀謝
神庥通工官弁兵民莫不同聲懽忭除霜後應辦
各事另容次第覈
奏外查大河水未經霜其力尚勁仍飭各道督同
廳營照舊防守臣因下游各廳所估土工必須
親加覆勘減準飭辦拜摺後啟程順道查察赴
濟料理運河事宜所有豫東黃河霜降安瀾緣
由謹會同河南撫臣潘鐸山東撫臣徐澤醇恭
摺循例由驛具奏伏乞

皇上聖鑒再本年在事各員除循分供職外其實有
勤奮出力者可否慎擇量加鼓勵之處伏候
訓示祇遵謹
奏
覽奏欣幸欽感之至另有旨

道光二十八年九月 二十七 日

九四一

奏

河東河道總督臣嵇以煥跪

奏為豫東黄河凌汛安瀾恭摺

奏報仰祈

聖鑒事竊照上冬凌汛届期督飭道廳防護情形當

經臣具

奏在案嗣交冬至後濱河一帶雪澤屢霑氣候嚴

寒河冰易結始尚隨凝隨淌繼則愈聚愈多幸

臨黄埽段先經諭飭各廳密掛欓凌樁把間有

實在卑矮之埽稟明酌用存工舊料加鑲高整

足資抵禦其逢灣兜聚處所每遇凌塊擁注勢

若排山節節敲打推行亦未壅遏擡水迨十二

月中旬以後即天氣融和陽回凍解兹已節逾

立春據報兩岸工程防護平穩大溜暢達東行
安瀾順軌洵堪仰慰
聖懷至各廳承辦歲稭為修防要需而採購之弊叢
生設查察未能認真難免堆垛虛鬆以及丈尺
短少前因該管各道往來長隄誠恐耳目難周
添委平日辦事可靠之候補同知通判前往分
投查催以昭慎密茲據先後稟報依限於年前
堆齊均批道先行驗收臣俟督催運河挑工辦
有過半桃汛將屆即當親赴黃河兩岸挨廳覆
驗其土工輒石一俟奉准部議飭令乘時分別
興修隄購不任遲延另容隨事具陳外所有豫
東黃河淩汛安瀾緣由理合恭摺
奏報伏乞
皇上聖鑒謹
奏

覽奏均悉

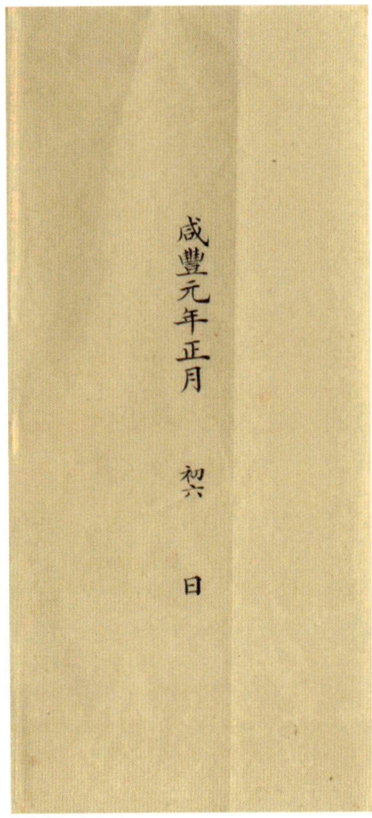

咸豐元年正月　初六　日

九四二

奏

漕運總督臣楊殿邦跪

奏爲首進幫船盤驗過淮日期恭摺具

奏仰祈

聖鑒事竊照新漕首二兩幫於上年十二月初八日

盤驗過淮經臣循例

奏報並即嚴催揚州江寧安徽等屬漕船跟接長

行不准逗留水次嗣徒陽運河於二月初一日

開壩復派委員弁勒提鎮常幫船趲挽渡江其

有脫空遲延幫弁分別摘頂記過以儆玩泄伏

查本年漕糧除蘇松常太三府一州白糧全由

海運外茲自大河前幫起截至三月初十日鳳

常幫到淮止連黃河以北之淮安三江北長淮

四及由洪澤湖行走之宿州頭等幫計二十六
幫共船八百五十九隻裝運漕糧正耗並搭運
等米七十一萬二千二百五十七石零每到一
幫臣即親赴盤糧廳逐船簽驗額數並無虧短
米色亦尚乾潔諭令弁丁每船多安氣筒沿途
勤加風晾毋使蒸悶受潮照例檄委江安糧道
沈兆澐督押北上查上年首進係四月初一日
過淮本年計算尚早二十一日其在後蘇州太
倉松江船隻及浙省幫船尚未全數報開江廣
各幫亦未據報出境臣前因浙省新漕民間誤
會併邀
恩旨恐致兑開遲延業經恭摺奏
聞並將蘇松等屬亦未兑足情形附片陳明茲欽奉
諭旨飭催臣已恭録飛咨各該撫臣欽遵辦理臣仍
檄飭運委各員弁星夜趲行責成地方文武督
汛認真催提無論何省幫船行抵瓜洲即令先
挽進口來淮盤驗俟渡黄後再定次序行走俾
免守候耽延以仰副

聖主垂念速漕之至意所有首進幫船盤驗過淮日

期理合恭摺具

奏伏乞

皇上聖鑒謹

奏

知道了

咸豐元年三月　十一　日

再臣前淮督臣陸建瀛會同河臣楊以增覆
奏清江大二三閘情形摺內聲明目下湖水旺盛
此次新漕於五月前早抵清江則以清水送漕
即可無須灌塘等語咨會到臣方冀趕緊提催
剋期竣事現准河臣咨照籌備重運摺內已稱
黃河水勢二月以來陸續見長二尺餘寸較量
水面河高於湖臣以首進幫船甫經過淮正須
指日渡黃當即札飭署淮揚道曹文昭迅速查
覆去後旋據該署道以外南順清河水勢黃高
於清自應循舊灌塘方臻穩妥所有塘河挑工
亦據會同廳營各員弁分段挑挖一律深通等
情稟覆前來臣查黃河水勢既高於湖自難以
清水送漕惟塘河灌放動輒需時必須辦理妥
善方無阻誤今該署道既稱一律挑竣諒不至
臨事周章臣仍當會同河臣妥商辦理上紓
宸廑所有黃河水勢漸長漕船仍須灌塘情形謹附
片具
奏伏乞

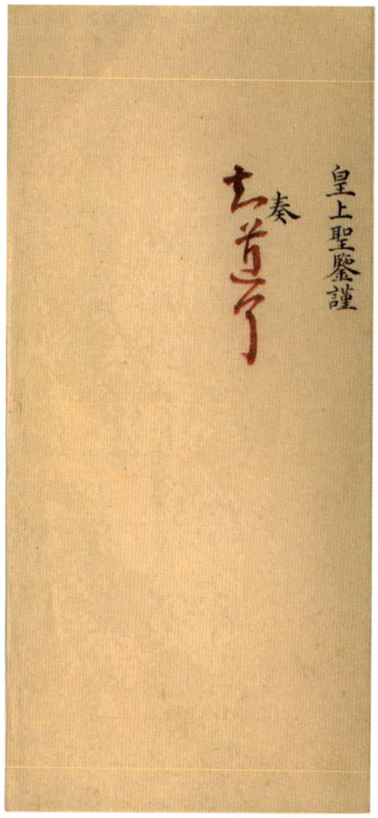
皇上聖鑒謹
奏
知道了

再近年漕船兌開延緩以致未能依限渡黃必
須領運幫弁實力奉公方期趲行迅速節經臣
嚴加整頓隨時訪察遇有才識庸闇辦事不力
者無不立時
奏參以冀漕務日有起色現在各幫弁雖知警惕
惟查有泗州前幫千總張韶領運本年新漕行
抵清江閘口正值漕船上閘喫緊之際輒因偶
爾患病擅自離幫並不稟請給假經臣飭查後
以不諳定例具稟實屬有乖職守相應請
旨革職以肅漕務而警玩愒除將該幫漕船委弁接
押外臣謹附片具
奏伏乞
聖鑒訓示謹
奏
另有旨

九四三

奏

奴才琦善奴才哈勒吉那跪

奏為黄河北岸防河官兵一年期滿循例派撥更
換以均勞逸緣由恭摺具

奏仰祈

聖鑒事竊查黄河迤南循化貴德兩屬野番頻經偷
渡糾衆行搶曾議在西寧河州二鎮派撥官兵
四百名察漢托洛亥等城抽撥防兵六百名共
計千名於每歲冬令前往口外分佈沿河扼要
各渡口駐劄巡防節經

奏明在案兹查道光二十九年冬季前派防河官
兵業已防守一年期滿應宜更換以均勞逸隨
檄令西寧河州二鎮挑派精壯官兵四百名暨

飭察漢托洛亥駐防副將抽撥防兵六百名選
派安靠守備千把等官二十二員撥給膘壯馬
匹配執鋒利器械管帶前往已於上年十二月
內齊抵河干分佈扼要各渡口巡守防範並責
令該管駐防副將隨時親往稽查加意嚴防期
保無虞仍飭撤舊班官兵各回原營收伍撥防
外所有防河官兵期滿循例派撥更換緣由謹
合詞恭摺奏
聞伏乞
皇上聖鑒謹
奏
知道了

咸豐元年三月　十五　日

九四四

奏

河東河道總督臣顔以燠跪

奏為恭報豫東黃河桃汛安瀾仰祈

聖鑒事竊照黃河以清明後二十日內為桃汛長水之期臣應赴工督防前於具

奏運河挑工牽計已辦八分有餘摺內陳明後即自濟啓程來豫於北岸曹考上堤歴下北祥河衛糧黃沁西至攔黃堰復於滎澤渡河而南由上南中河下南蘭儀儀睢睢寧商虞直至下交界計豫省兩岸十二廳業已周徧查萬錦灘來源尚未報長前因春澤頻霑積雪融化上游坡水匯流下注據各廳先後呈報長水一二尺餘寸不等旋即見消工程防護平穩臣維修守緊

要固重伏秋而消患未萌必須於春汛豫為籌
備兹詳勘全河形勢凡臨黄著名險要各工或
大溜湧激側注一邊或對岸生灘提移無定業
將正雜料物積土分别堆儲以備鑲修其舊險
新工將生未生處所如上南廳中牟上汛四五
六堡商虞廳虞城下汛六堡曹考廳考城汛夫
十一堡情形與上年秋間無異先經估築土壩
用資挑禦復於本年土工案内將隄壩擇要增
培高厚分積甎石備防設河勢塌近壩頭亦應
審度緩急得守且守不許輕率鑲抛以昭節慎
至各該廳承辦甎石均於桃汛内依限購竣間
有船到未曾卸載之處已飭趕緊堆積並因察
看工程緊要碎石尚不敷用現在循案查照上
兩年酌減之數於豫省司庫例撥防險項下分
撥銀兩飭廳趕購統俟此項備防碎石辦齊再
同前購添料改辦甎石一併覈實查驗未經驗
收以前儻有報抛不准開銷立予賠補以杜牽
混而免虛縻此外貛鼠逐嚙隄身應於春間簽

捕遇有洞穴塡築堅實灘面串水溝槽亦須趁

此水未大長估築土格攔截已飭各廳營督汛

實力辦理務期隱患全除隄防悉臻鞏固計自

三月初四日節交清明起至二十四日止桃汛

已過河溜順軌安瀾洵堪仰慰

聖懷再兩岸料垛俟臣北渡將東省曹河曹單二廳

查竣同覆估春鑲催辦土工各情形另容彙

奏合併聲明爲此恭摺具陳伏乞

皇上聖鑒謹

奏

知道了

咸豐元年三月　二十五　日

九四五

奏

河東河道總督臣顏以燠跪

奏為查驗豫東黃河各廳料垛完竣並勘估春鑲催辦土工情形恭摺具

奏仰祈

聖鑒事竊照河工修守以稭料為大宗而弊竇叢生全賴認真查驗方免虛鬆短少惟每歲產稭豐歉不同上年自春徂夏瀕河一帶晴多雨少土脈乾燥民間未能種植秫稭即已植之處亦緣始旱後潦稭本不曾長足收成未免歉薄各廳承辦辛亥年歲稭均於遠處設法招徠價值較昂臣恐料既難辦因而偷減在河廳自顧考成且經上春力加整頓將細小稭束剔除賠補之

後尚不敢公然舞弊但訪聞從前丁役射利垛
夫與料户勾通往往無偽不作罔知利害廳員
亦為其所朦一經查出情弊官受其累此等惡
習實不可不防是以於發辦之初疊札申禁並
飭各該廳親自在工監堆復責成該管各道不
必守俟全完務須梭織往來隨堆隨驗驗不如
式即押令加足重堆又委員前往分投幫同查
催使之無隙可乘否則作弊在先稽查在後即
予以懲治仍於公事無裨各道廳俱能實力奉
行上緊採購依限於年前報竣東省曹河曹單
二廳添辦防料亦一併堆齊先經由道驗收具
稟臣周歷兩岸細細覆驗丈量或一工折稱二
三垛或每廠抽拆三四垛以觔覈束以束覈堆
不過多費時日俾知查驗認真辦公自能益昭
慎重計自三月初四日上隄歷二十六日之久
始將豫東十四廳料垛查完觔重丈尺尚皆足
額間多數餘而以蘭儀曹考曹河三廳尤為高
大整齊麻觔積土亦點驗足數至春鑲埽段原

因舊埽卑矮或朽腐殘損均應從容鑲修以備
抵禦汛漲惟溜勢趨向靡常情形無定必須擇
要辦理可省即省臣攜帶估冊挨廳覆勘切實
刪減並令將上冬凌汛鑲工動用舊料於現估
工內劃除以歸撙節且可寬留新料備防大汛
又奉准增培長隄土工為修守根本春間興辦
之時每處風乾土燥硪築未能堅實雖有潑水
行硪之法而工員人衆賢愚不一豈能處處潑
透迨經查有草率參賠已屬事後之創懲本年
春澤頻霑土膏滋潤施工易於凝結臣沿隄察
看各工員興築尚屬認真復諭飭遵照章程薄
坯重硪乘時如式儹辦統俟嚴催依限全完再
行分別驗收具
奏儻有率延以及丈尺不足即當從嚴參懲決不
姑容務期隄工鞏固永保平成以仰副
聖主慎重河防安益求安之至意所有查驗黄河各
聽料垛完竣並勘估春鑲催辦土工情形理合
恭摺具

奏伏乞

皇上聖鑒再臣拜摺後即回濟料理運河鋪水迎漕

事宜合併聲明謹

奏

知道了

咸豐元年四月　初一　日

九四六

奏

河東河道總督臣顧以燦跪

奏為汶衛水勢見長船行順速現仍嚴飭加緊催

趲臣因庚伏已届應赴黃河兩岸查工防汛恭

摺仰祈

聖鑒事竊照南糧重運二進首幫入東過濟日期並

衛水較弱督飭設法趲輓情形臣於五月二十

八日具

奏後據報衛河水勢復消一寸僅深一尺八寸出

牐幫船即將米石全數起剝空船行走尚難迅

速是以截至五月二十二日僅出東境船四幫

其抵臨船隻自前此出牐十四幫之後因衛河

節節頂阻後幫未能接放雖經臣疊札嚴催設

法趕輓無如竭盡人力而衛源不長無法可施
祇將牐内南路幫船飛速上提均令趲過南旺
分水口轉入順水以便衛水見長即可暢放出
牐仰叨
皇上福庇濟城一帶於六月初五日大雨滂沱連宵
達旦勢甚廣遠初八九日復陣雨時注旋據具
報汶河何家壩於初七日自卯至午長水六尺
五寸衛河亦報初四至初七日共長水一尺九
寸不獨運河賴此汶源接濟船行益臻順速即
衛水見長停積幫船得以趲輓前進臨清牐於
初六七日續出船四幫後船均可跟接灌放截
至六月初五日共入山東境船五十幫十一日
共輓過濟城天井牐船四十四幫現仍嚴飭司
漕員弁加緊催趲趁水遄行不任稍有藉延至
本年黄河來源三次長水尺寸均經附片陳明
在案嗣據甘肅寧夏府先後呈報黄河水勢於
五月二十二日泛漲起至二十五日陸續共漲
水七尺四寸六月初二日卯時又漲水二尺連

前共九尺四寸已入硤口誌樁九字四刻跡河
南陝州呈報萬錦灘黄河於六月初三日戌時
復長水二尺八寸庚伏已屆各路來源旺發正
黄河修防喫緊之候各廳長水鑲工非春汛先
估後辦者可比蓋大汛溜力猛勁或舊埽潰塌
或隄壩著重安危繫於呼吸須立時搶辦不容
遲緩而一經動料則有關錢糧必得臣親歷查
勘以杜虚縻而歸撙節土工甎石並據陸續報
竣亦應覈實查驗其運河催漕收水修工保隄
各事先已布置妥協現在責成署運河道方墉
經理臣拜摺後即束裝前赴黄河兩岸查工防
汛另容隨時
奏報為此恭摺具陳伏乞
皇上聖鑒謹
奏

知道了

咸豐元年六月 十三 日

九四七

奏

河東河道總督臣顏以燠跪

奏為入伏前後黄河水勢盛漲兩岸工程修守平
穩現仍督飭慎防恭摺具陳仰祈
聖鑒事竊照東省運河水長船速並庚伏已屆臣應
赴豫防汛緣由於六月十二日具
奏在案伏念黄河修守有關
國計民生至為重大防汛查工總不外認真覈實
四字蓋工程認真則事無草率錢糧覈實則費
不虛縻而驗收土工輒石稽查料物用款事務
繁雜若不逐加履勘恐啓朦混之漸是以臣每
次到工必輕車減從按廳多住一二日處處細
心親驗從不假手於人並詳察河勢之趨向分

别各工應修應緩以期實工實辦用無枉費此
次自濟來豫因黄沁廳攔黄堰地居極西尚在
上南廳之上南對廣武山黄河來源萬錦灘漲
水及伊洛瀍澗之水匯流下注至此始有隄堰
埽壩捍禦保衛城郭田廬最爲緊要又沁河隄
工雖係地方承修而伏秋汛漲河員亦應協同
防護臣即先赴北岸上游查勘逐次節據陜州
呈報黄錦灘黄河於六月初八十五十六並二
十一二十三等日五次共長水一丈八尺三寸
黄沁廳呈報武陟沁河於六月十一及十六日
已未二時又二十一日卯刻四次共長水八尺
九寸來源旺盛當沁黄並漲之時匯注猛驟以
致各廳有數時之間報長四五尺餘寸誌樁積
存長水大逾上年盛漲一二尺之處勢極浩瀚
兩岸舊埽紛紛蟄塌報無虚日均批令相機擇
要撙節辦理不准藉靡所有補鑲埽段臣甫經
查過北岸五廳俟赴南岸勘明另容彙
奏其碎石軌塊春鑲埽工分别查驗俱屬足數如

式並無虧短草率至土工為修防根本必須認
真堅築自經上年懲創之後各工員雖不敢公
然舞弊而工多人眾賢愚不一尚恐積習未能
全除臣現在挨廳逐段細細驗收統俟兩岸普
律查竣再行具
奏庚伏甫過旬日汛期甚長水勢續漲之大小各
廳工程之平險均難豫測臣惟當督飭道廳分
投實力巡防妥慎修護務期工固瀾安以仰副
聖主慎重河防永慶平成至意為此恭摺具陳伏乞
皇上聖鑒謹
奏

妥為修防毋稍疏懈

咸豐元年六月　二十八　日

奏

河東河道總督臣顔以燠跪

奏爲豫東黄河伏汛安瀾兩岸工程修守平穩現

在督飭慎防秋漲恭摺具陳仰祈

聖鑒事竊照入伏前後河水盛漲修工平穩情形臣

於六月二十八日具

奏後其時長水未消黄沁廳屬未能渡河折回至

蘭陽南渡復因上南廳工程緊要先馳赴該廳

督同開歸道林揚祖確勘河勢趨向將廳拋廳

築廳鑲廳綴各工分别布置妥協責成廳營修

守防護即順查而東現已行抵蘭儀途次據陝

州呈報萬錦灘黄河於六月二十九日已時陡

長水七尺五寸黄沁廳呈報武陟沁河於六月

二十八九及七月初七等日三次共長水六尺五寸來源雖不為旺而當二十九日沁黃並漲之時下注猛驟溜甚湍激以致兩岸舊埽新工仍紛紛報險搶辦幾無虛日幸料物錢糧儲備充足得以應手無誤各廳春鑲埽段順道查驗尚皆整齊碎石甎塊點無短少凡有喫重埽壩已飭酌量拋護以資穩實本年幫培土工仍在按段逐細親驗另容彙

奏所有陸續稟報補搶新埽除盤壓未竣之工並下游各廳尚未查驗外就臣先行勘明者謹繕另片恭呈

御覽現在長水業已遞消兩岸工程修防平穩河溜暢達東趨節逾立秋順軌安瀾洵堪仰慰

聖懷惟伏汛甫過秋汛為日甚長防守正關緊要且黃河來源以西水為最旺而萬錦灘自六月二十九日陡長之後迄今半月未報續長測以盈虛之理誠恐秋漲勤旺籌備倍宜慎重各廳防險錢文先於伏前察看工程之緩急分別堆積

之多寡非遇風雨黑夜不准擅行動用秸麻積土用多存少之處並已循案酌添俾免短絀至每廳所管隄工自數十里至百餘里不等當水長之時隄長路遠處所廳營上下巡防往來一次計須兩日深慮耳目難周全賴委員分段住守先經黃河三道派委在道當差人員分赴各廳協防臣復札委運河道屬各員前往協同巡查庶長隄星羅碁布聲息相通得臻周密又派在工學習之內閣中書姚近韓禮部主事江健周歷兩岸會廳巡防藉資閱歷臣惟有勤以率屬儉以持躬務期工堅費節安益求安以仰副

聖主保隄衛民至意所有伏汛安瀾並督飭慎防秋漲緣由理合恭摺具陳伏乞

皇上聖鑒謹

奏

覽奏均悉仍應實力修防務期穩固

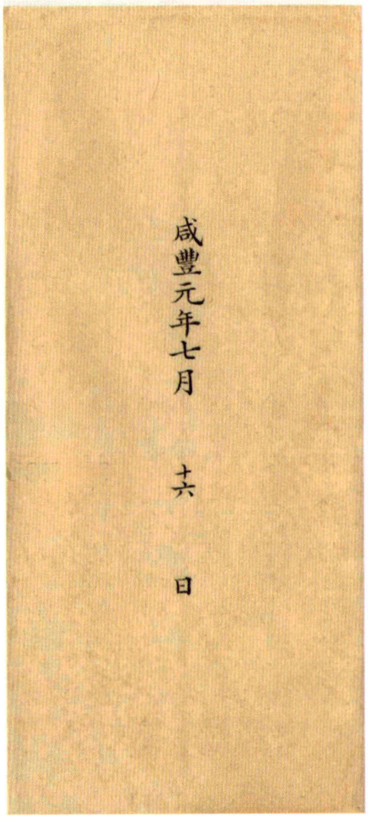

咸豐元年七月　十六　日

九四九

奏

河東河道總督臣顧以嶺跪

奏為黃河水勢續長兩岸工程鑲修平定節逾處
暑現仍加謹督防恭摺具
奏仰祈
聖鑒事竊照伏汛安瀾水勢工程情形臣於七月十
六日具陳後即據陝州呈報萬錦灘黃河於七
月十四十七等日兩次共長水九尺接續下注
雖河身足資容納而溜到之處塌埽潰壩仍日
事鑲修均經飭令相機擇要撙節辦理不准虛
縻臣周歷下游兩岸勘得商虞廳虞城上汛十
四五堡連年出險處所埽石甎工業經次第鑲
抛穩實堪資抵禦其曹河廳曹下汛二堡至六

堡俱係臨黄水長則大溜卸至五六堡各埽前
趨刷水落則提至二堡𩐁𡑭前搜淘先於入伏
前後河水盛漲之時五堡各𡑭塌埽多段此鑲
彼蟄情形險要該管兖沂道夏廷楨本長駐六
堡防汛督飭廳營不動聲色搶辦月餘之久始
克漸臻平定臣任該工數日察看大局可以放
心此外各廳春鑲埽段承辦𩐁石查覈量驗俱
屬高整足數尚無草率虧短長隄土工因曹考
一廳尚未驗齊另容稟
奏至北岸工程以祥河下北二廳最為繁重當七
月十六至十九日河水復長祥河廳祥符上汛
十六堡大溜忽卸至工尾各𡑭前匯塌形勢喫
緊其時臣遠在下游經河北道長臻就近調帶
弁兵星馳前往督飭廳營集夫搶辦𩐁石並進
料土兼施竭兩晝夜之力分别鑲埽抛石得以
保護無虞俟臣折回廟工當再親往查驗所有
續勘各廳補鑲新埽及盤壓已竣之工謹繕另
片恭呈

御覽往後汛期正長來源無定且自七月二十日以
後天時晴少雨多二十七八日又大雨傾盆連
宵達旦勢甚廣遠查西水長發雖無關於雨澤
而通黃各河每經大雨發水莫不匯歸大河以
致各廳水誌前此漲水甫見消動復日長數寸
現在存積較旺秋濤迅利淘底搜根修守防護
倍應慎重臣惟有凜遵
批諭督屬妥為修防斷不敢稍任疎懈以期安瀾永
保共慶平成仰慰
宸廑為此恭摺具
奏伏乞
皇上聖鑒謹
奏

覽奏均悉

咸豐元年八月　初一　日

九五〇

奏

河東河道總督臣顔以燠跪

奏為節過白露謹陳黄河工程水勢情形仰祈

聖鑒事竊照處暑節逾水長修工平定緣由臣於八月初一日具

奏在案伏查黄河修守雖重伏秋而伏汛長水溜勢上浮祇須埽段鑲修高整即資抵禦惟秋濤迅利每當水旺之時河面流行平順溜力搜淘根底最易刷深或新埽見蟄或舊埽匯塌均應立刻搶辦方保無虞且以汛期為日而計秋汛較之伏汛多長一倍有餘是以防秋尤要於防伏臣於豫東兩岸工程河勢俱已查徧現於緊要處所仍不時親往督辦勘明祥河廳祥符上

汛十六堡工尾前此著河各壩鑲拋埽石辦理尚為合宜日前下北廳蘭陽汛十三四堡一帶對岸新生灘嘴挺峙河心逼溜北趨各壩埽段蟄塌頻仍連朝搶辦雖於大局無礙而工作未能停手此外各廳鑲修之工俱飭得省且省不准虛糜其料物實在多用之處復又酌量添辦備防所有立秋後報鑲埽段除盤壓未竣者另容覈

奏外謹先將查明已竣段落繕片恭呈

御覽至兩岸長隄為全河保障是以每歲擇要增培必須於興築之始認真辦理若待完竣驗有草率予以參賠已與工程無裨本年土工臣挨廳逐細查勘無一工不到無一處不驗丈尺尚皆豐足錐試亦俱飽滿間有雨後水溝浪窩新填之土試錐微有滲口以及土塘較近工段無關於弊竇已由臣分別記過示懲竊念此次土工竟能一律如式者係經上年懲創之後工員不敢再行作弊而於興辦以前申明舊章疊次嚴

札飭遵復於工竣後先經該管各道查驗凡有
不足處所均已押令翻築堅整然利弊相乘法
無不敝不敢謂以後永無偷減草率仍當實估
嚴查期臻鞏固黄河來源據陝州呈報萬錦灘
於七月二十九日長水五尺五寸黄沁廳呈報
武陟沁河亦於是日長水一尺加以伊洛瀍澗
諸河雨後長水匯流下注勢仍浩瀚幸消退迅
速並無停積惟秋汛正長查上年霜清節近沁
黄洛河尚同時報漲往後來源無定臣惟有督
飭道廳營委各員分投照常修防力保安瀾以
仰副
聖主慎重河工至意所有節過白露工程水勢情形
理合恭摺具陳伏乞
皇上聖鑒謹
奏

認真督辦

咸豐元年八月　十五　日

九五一

奏

河東河道總督臣顏以燠跪

奏為黄河水勢復又盛漲業已報消兩岸險工分投搶鑲平定節逾秋分現仍督飭慎防恭摺具

奏仰祈

聖鑒事竊照節過白露工程水勢情形臣於八月十五日具

奏後疊據陝州呈報萬錦灘黄河於八月十四十六等日兩次共長水九尺黄沁廳呈報武陟沁河於十四日卯巳二時並十六日戌刻三次共長水三尺九寸鞏縣呈報洛河於十七日長水三尺非同時並漲即接續下注加以通黄各河雨後長水匯歸大河是以各廳此次積存漲水

較之道光二十八九年最大之水尚多數寸及尺餘不等奔騰浩瀚勢若排山本年秋漲之旺原在意中初不料如此之大以致各廳臨黃埽段無一處不塌無一工不鑲而以上南蘭儀睢寧商虞下北曹河六廳尤為險要臣往來督辦深有顧此失彼之虞賴各該道冒雨在工分投督搶得免貽誤若非二十一二日水勢報消一經停頓則其患不堪設想至今猶覺惴惴惟塌埽既多工作迄難停手幸各工料物購備尚寬不致缺乏埽前水勢過深段落尤得碎石拋護埽根始克搶鑲穩實臣現在分別勘驗凡新埽已鑲復塌者著令各該廳賠補不准開銷實係舊埽匯塌應行補鑲者謹繕另片恭呈

御覽其應鑲而尚未辦竣者因將屆用項截數之時均劃歸來年併案造報以昭覈實至夏秋以來各廳拋辦甎石工程現亦按廳確實量驗覈計方數另容彙

奏秋分已逾前水雖報暢消而時距霜清尚有一

月來源未能必其不長臣仍當督飭道廳營汛
委員往來梭織巡防妥慎修守斷不任稍有疎
懈一面將來年應辦土工飭廳估計由道彙轉
以便臣親勘減估力杜虛浮而重
帑項所有河水復又盛漲險工搶鑲平定緣由理
合恭摺具
奏伏乞
皇上聖鑒謹
奏

另有旨

咸豐元年閏八月　初二　日

九五二

奏

河東河道總督臣顏以燠跪

奏為節交霜降豫東黃河普慶安瀾謹循例恭摺

由驛具陳仰祈

聖鑒事竊照伏秋汛內河水節長搶辦各工情形均

經隨時具

奏在案查本年黃河來源甘肅寧夏府長水二次

河南陝州萬錦灘長水十七次武陟沁河長水

十三次鞏縣洛河長水一次雖統計丈尺比之

上年為少而秋漲較多於伏水且自夏徂秋無

三日不雨每雨必傾盆如注凡上游通黃各河

雨後長水均匯歸大河以致各廳積存漲水較

之道光二十八九年最大之水尚多數寸及尺

餘不等奔騰浩瀚勢若排山舊險新工層見疊
出當白露以後上南蘭儀睢寧商虞下北曹河
等廳同時出險幾至措手不遑臣凜遵
批諭督屬認真妥為修防不敢稍遺餘力並蒙
皇上如天之仁凡有所請無不仰邀
恩准俾錢糧料物購備充足兩省撫臣藩司亦協力
同心隨時撥款接濟無虞缺乏得以分投搶辦
平穩迨交寒露復據曹河廳稟報盛漲初消該
處切近江境掣溜甚急以致埽段又多蟄塌臣
閱稟後即星馳前往並恐搶工日久兗沂道所
帶銀兩將次用罄一有支絀關繫匪細於河北
道庫酌撥協濟竭四晝夜之力始將各埽補齊
惟新鑲之埽正須盤壓以及蘭儀商虞祥河下
北等處工作仍未停手俱可責成該管道督辦
大局已臻平定通工普慶安瀾臣感蒙
聖德
神庥恭詣蘭陽惠安觀潔虔祀謝官弁兵民莫不
歡騰鼓舞臣欣幸之餘彌深敬畏除飭各道督

令各廳營照常防守本年河勢非往歲可比雖
交冬令不准下隄外臣因東省運河籌辦回空
漕船事務緊重拜摺後將霜後應辦事宜布置
一二日即赴濟寗妥慎料理另容次第具
奏所有豫東黃河霜降安瀾謹會同署河南撫臣
蔣霨遠山東撫臣陳慶偕恭摺循例由驛具陳
伏乞
皇上聖鑒再本年險工疊生在事各員實力搶辦始
終不辭勞瘁者臣先察看存記茲據各該道開
單稟報前來可否擇尤量加鼓勵之處伏候
訓示祇遵謹
奏

另有旨

咸豐元年九月　初一　日

九五三

奏

河東河道總督臣顏以燠跪

奏為遵
旨查明豫東黃河大汛在工尤為出力人員秉公酌
保仰祈
聖鑒事竊臣欽奉
恩旨勅將在工人員擇其尤為出力者秉公酌保數
員候朕施恩毋許冒濫等因欽此跪讀之下仰見
皇上策勵羣工微勞必録臣即宣示通工莫不歡欣
鼓舞伏念河防修守關繫至重本年黃河水勢
節次盛漲險工環生鑲修搶護直過霜清全賴
羣策羣力得以分投搶辦平穩謹當照案擇尤
請奬以示鼓勵查本年二月內接准吏部咨議

覆大理寺少卿田雨公條奏以河工安瀾保薦
須該員承辦工程如果工堅料實又能撙節者
方准列入薦章原為慎重錢糧起見自應遵照
辦理但河工霜清保舉係獎各員之勞績其有
勞績者均於搶險時留心察看存記而搶險之
處莫不多用錢糧若專以節省而計則工簡用
少安閒無事者轉可列保似不足以昭平允且
各營備弁汛官沿河州縣以及派委協防候補
文員均不經手錢糧或專事鑲工或巡查彈壓
或催料催土實有勤奮得力始終不懈者亦不
便沒其微勞是以臣與各道隨時悉心商酌如
廳員於搶險之時能力求撙節者列為上等尋
常修防得保無虞者次之此外人員亦必確有
實績可敘者方敢保薦謹秉公彙繕名單恭呈
御覽其次出力人員容照例分別等第咨部覈辦至
管河各道向應附請議敘除河北道長臻已歷
六載安瀾另片具陳外查開歸道林揚祖精明
細緻辦事實心雖初任修防而督辦要工能鎮

定無誤前署開歸道候補道龔瑞穀老成穩練
修守合宜現護開歸道開封府知府瑛桂慎重
辦公留心河務兗沂道夏廷楨誠實溫厚諳練
機宜所管曹河廳工程屢次出險督搶平穩前
護河北道下北河同知孫家良有為有守熟諳
河防惟係監司大員並護道之員且孫家良甫
於上年經臣遵
旨明保在案均不敢擅保可否交部議敘之處出自
天恩所有查明大汛尤為出力人員理合據實覆
奏伏乞
皇上聖鑒訓示謹
奏

另有旨

咸豐元年九月　二十四　日

九五四

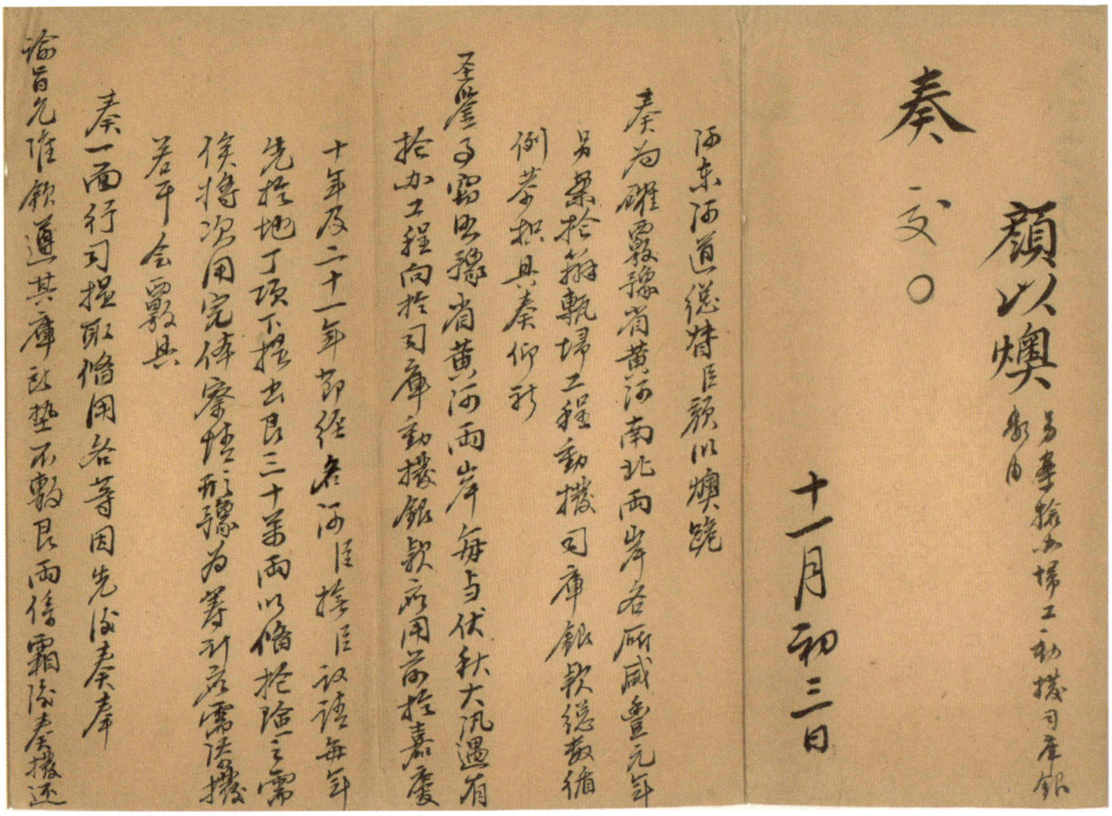
奏　交〇

顏以燠　為豫省埽工動撥司庫銀　事由

十一月初三日

河東河道總督臣顏以燠跪

奏為酌覈豫省黃河南北兩岸各廳咸豐元年

另案搶辦歲埽工程動撥司庫銀款應請循

例恭摺具奏仰祈

聖鑒事竊照豫省黃河兩岸每年伏秋大汛遇有

搶辦工程向於司庫動撥銀款應用前於嘉慶

十年及二十一年節經前河臣[illegible]臣[illegible]奏請每年

先於地丁項下撥出銀三十萬兩以備搶險之需

俟將次用完隨時察核形據為籌計應需續撥

若干金數具

奏一面行司提取備用各等因先後奏奉

諭旨允准欽遵其庫款墊不敷銀兩仍行請霜後奏撥還

款歷經遵辦在案查本年黃河各路來源
節次長水尺寸並伏秋汛內兩岸各所險要處
出於鑲拋護軟埽工程情形均經臣隨時
奏明其例撥銀三十萬兩除當辦碎石外餘於春
伏二汛先經支發全完復循案
奏蒙
恩准添撥銀二十五萬兩接濟應用計有南北兩
岸各所另案搶辦軟埽各工經臣確切驗減覈
准應銷銀數彙案另摺奏送清單計豫省
十二所共實用銀九十三萬七千七百六十六兩三
錢三分四釐內除動用道光二十八年存工軟值
銀七百三十八兩一錢四分二十九年存工軟值
銀一千五百八十兩三十年存工稭值銀二萬
六千九百五十兩又存工軟值銀四千一百九十
兩五錢六分二釐計撥用司庫陳稭四成酌
加軟埽銀三萬一千七百一十兩歲料加價銀
四萬九千六百八十兩又例撥防險銀除發
加備防碎石銀六萬兩另歸石工案內造報

外實歸額埽工用銀四千九萬兩，無撥道司
庫銀五十七萬一千三百九十兩。現除南北兩
岸各廳用存稭料值銀二萬二千五十兩，另用
存額，現值銀六千二百一十七兩一錢四分八釐，
又料額存工外，應找撥不敷銀三十六萬一千
一百八十四兩七錢八分，以符奏案，而清庫款
覈數。上年找撥之數亦有節減。謹循例會同
河南撫臣李僡恭摺具
奏。伏乞
皇上聖鑒。再，查另案不敷銀兩，係上冬湊辦歲儲
並本年節次搶工，於道庫存款內隨時墊發
應用。歷年覈奏清單後，即於司庫找撥還
款，仍存於道庫，以便湊墊支發。現辦歲料及
來年工用，合併陳明。謹
奏。
咸豐元年十一月初三日奉
硃批：工部知道。欽此。
十月二十八日

九五五

奏

河東河道總督臣顏以燠跪

奏為確覈豫省黃河南北兩岸各廳咸豐元年另
案搶辦甎埽工程動撥司庫銀款總數循例恭
摺具奏仰祈
聖鑒事竊照豫省黃河兩岸每當伏秋大汛遇有搶
辦工程向於司庫動撥銀款應用前於嘉慶十
年及二十一年節經各河臣撫臣議請每年先
於地丁項下提出銀三十萬兩以備搶險之需
俟將次用完體察情形豫為籌計應需添撥若
干會覈具
奏一面行司提取備用各等因先後奏奉
諭旨允准欽遵其道庫所墊不敷銀兩係霜後奏撥還

款歷經遵辦在案查本年黃河各路來源節次
長水尺寸並伏秋汛內兩岸各廳險要疊出搶
鑲拋護甎埽工程情形均經臣隨時
奏明其例撥銀三十萬兩除發辦碎石外餘於春
伏二汛先經支發全完復循案
奏蒙
恩准添撥銀二十五萬兩接濟應用所有南北兩岸
各廳另案搶辦甎埽各工經臣確切駁減覈准
應銷銀數彙案另摺奏送清單計豫省十二廳
共實用銀九十三萬七千七百六十六兩三錢
三分四釐內除動用道光二十八年存工甎值
銀七百三十八兩一錢四分二十九年存工甎
值銀一千五百八十兩三十年存工稭值銀二
萬六千九百五十兩又存工甎值銀四千一百
九十兩五錢六分二釐計撥用司庫添稭四成
酌辦甎塊銀三萬一千七百一十兩歲麻加價
銀四萬九千六百八十兩又例撥添撥防險銀
除發辦備防碎石銀六萬兩另歸石工案內造

報外實歸甎埽工用銀四十九萬兩共撥過司
庫銀五十七萬一千三百九十兩現除南北兩
岸各廳用存稭料值銀二萬二千五十兩又用
存甎塊值銀六千二百一十七兩一錢四分八
釐有料甎存工外應找撥不敷銀三十六萬一
千一百八十四兩七錢八分以符奏案而清庫
款覈較上年找撥之數又有節減謹循例會同
河南撫臣李德恭摺具
奏伏乞
皇上聖鑒再查另案不敷銀兩係上冬湊辦歲儲並
本年節次搶工於道庫存款內隨時墊發應用
歷年覈奏清單後即於司庫找撥還款仍存於
道庫以便湊墊支發現辦歲料及來年工用合
併陳明謹
奏

工部知道

咸豐元年十月　二十六　日

奏

河東河道總督臣顧以㷷跪

奏為勘估豫東黃河兩岸壬子年土工覈實減准

請修以臻鞏固而資捍衛恭摺具

奏仰祈

聖鑒事竊照豫東黃河兩岸長隄為生民保障全賴

高厚崇墉方足以禦漲水雖曾歲歲增培祇因片段過長均係擇要辦理本年節次盛漲秋霖疊霈隄根則汛水淤墊隄頂則風雨剝削又形卑薄兼之江境豊北廳黃流旁溢上游河勢節節變遷或塌灘生工或大溜圈注而東省曹河廳屢次出險臨黃鑲埽墊臺尤見卑窄以現在通工情形而論原應大加估辦庶昭慎重惟

國家經費有常度支亦應籌計必須於估修工程之中力求撙節之道是以臣於霜前在工與該管各河道熟商仍飭廳擇其最要段落估報不准藉詞寬估臣復親加履勘切實刪減並將東省兗沂道屬曹考曹單二廳可緩工段全行剔除以銀數歸併曹河廳辦理緊要之工挹彼注茲期無糜誤據各道遵減造冊具禀前來查兩岸隄堰壩戧或一面幫寬或兩面幫寬或頂上加高加築子堰或添築新壩接長舊壩或加幫後戧填築壩檔以及填補殘缺溝形窪形溝槽坑塘水塘窪塘坑窪等工按取土遠近每方給例價銀一錢九分二釐及二錢一分六釐不等其隔水遶遠選淤倍極艱難者每方津貼銀三分四釐八分四釐及一錢三分四釐計豫省兩岸十二廳估需例價銀二十二萬四千六十餘兩津貼銀二萬四千五百餘兩共例津二價銀二十四萬八千五百六十餘兩東省曹河一廳估需例價銀一萬九千二百三十餘兩津貼銀

七千八十餘兩共例津二價銀二萬六千三百
一十餘兩通計共估銀二十七萬四千八百餘
兩均屬覈實無浮必應辦理合無仰懇
天恩俯念河防緊要准於豫東兩省藩庫照數撥發
各該道飭廳具領分派工員豫雇夫車交春興
修認真如式堅築勒限來年夏至以前一律辦
竣臣於桃汛赴工當挨廳督催並先將辦工舊
章通飭遵守力杜偷減情弊儻工完驗收時查
有草率及丈尺不足處所立將承修之員指名
嚴參著賠必不稍事姑容以仰副
聖主重工衛民至意所有勘估豫東黄河壬子年土
工覈實減准請修緣由謹會同河南撫臣李惪
山東撫臣陳慶偕恭摺具
奏伏乞
皇上聖鑒訓示再此案土工仍請照前定章程按銀
七錢三搭放以歸撙節已於另片陳明謹
奏

工部議奏

咸豐元年十一月　十六　日

九五七

奏
顔以燠 ○
豫東黄河凌汛安瀾由
正月初十日

河東河道總督臣顔以燠跪
奏爲恭報豫東黄河凌汛安瀾仰祈
聖鑒事竊照上年凌汛届期嚴飭防護情形已於
十一月初一日具
奏在案自冬至以後濱河一帶雪澤雖未大
霑而天氣嚴寒河冰易於凝結下注極爲迅
利其河勢兜灣處所壅積尤多業經豫先通
飭各廳將臨黄埽段密掛撞凌橇把實有
卑矮之埽準其動用存工舊料酌量加鑲高整
得以抵禦各處並經專派弁兵隨時敲使
之順流而下亦未壅遏搶險已節過立春陽回
凍解氣候日見融和撥報積凌冰雖旺岸工

程防護平穩大汛循順東趨安瀾諒慶堪以仰慰
聖懷至各廳丞辦歲搶鑲埽江境興舉大工節次委員
前來隨委沿河各丞設立多廠爭購料戶不必
居奇而價值自貴採辦倍極艱難當此錢糧支
絀力求撙節之候又不便援照大工成案普請
加價廳員未免賠累恐因賠累而貽誤遲延臣當
經嚴飭認真趕購不准藉詞延緩各該廳尚
知稭料為修防根本不惜重價設法招徠均
於年前先後稟報依限堆齊現已批道先行
驗收其例添防料雖未奉准部議工儲似閑
亦令接廠採購勒限全完統俟桃汛將臨臣
當親赴黃河兩岸挨廳覆驗有無短少虛
鬆情弊據實具陳外所有淩汛安瀾緣由理合恭摺
奏報伏乞
皇上聖鑒謹
奏
咸豐二年正月初十日奉
朱批知道了欽此
正月初四日

九五八

奏

河東河道總督臣顏以燠跪

奏為恭報豫東黃河桃汛安瀾並勘估春鑲埽工

籌備修守事宜仰祈

聖鑒事竊照運河北路挑工儹辦已有七分桃汛屆

臨臣應赴豫督防及查驗工料各緣由於二月

初十日具

奏後即自濟啓程由北岸曹考廳境上隄溯查西

上復於滎澤渡河循南岸上交界廣武山根順

查而東現已行抵蘭儀伏念河工巡防固重伏

秋而消患未萌全賴於春間豫為布置以免臨

時周章惟河勢情形不定尤應隨時詳察並緣

各廳歲稽上冬江南興舉大工委員前來豫東

瀕河一帶設廠爭購價值倍昂採辦不易恐因
難購而堆垛虛鬆是以此次查驗必須格外認
真每至一廳不敢稍有忽畧處處親到雖稽遲
時日究於河防有裨除俟下游兩岸料垛驗竣
另行彙
奏外兹履勘上年秋閒出險各工大溜仍側注不
移復有溜圈上提及刷灘下卸之處凡與平日
臨黄要工相近者即以額辦料物酌量分堆相
距較遠向來無工而河勢塌近者業經飭道另
添甎石購儲庶有備可冀無患至各廳新舊埽
段或秫稭發扁或上實下虛每年應於春汛勘
明分别拆鑲加鑲用資抵禦汛漲先據該管道
督廳估計切實删減具稟前來臣攜帶估冊按
工覆查俱應鑲修飭令俟驗料後興辦並將上
冬凌汛加鑲卑矮之埽動用舊存料垛於現估
工內劃抵以歸撙節其長隄土工仰蒙
恩准歲歲增培原以固根本而資保障辦理不容遲
緩惟因上冬及春初天時久晴土性乾燥新舊

未能凝結雖有潑水行硪之法而片段過長距
水較遠處所設潑水不透轉恐草率是以興辦
稍遲自二月中旬普被膏雨以後地脈滋潤已
據具報次第興工臣沿隄諭飭承辦員弁遵照
舊章認真如式堅築務於大汛以前一律全竣
儻將來驗收時或有錐試滲漏丈尺不足段落
定當指名嚴參著賠決不姑容此外如簽隄捕
鼠填築洞穴以固隄防堵截串水溝槽以杜隱
患均為春間應辦之事各廳營汛尚能實力奉
行計自二月十五日節交清明至三月初五日
止二十日桃汛已過上下游報長水數寸及尺
餘不等工程悉臻平穩大溜順軌東趨安瀾誌
慶堪以仰慰
聖懷為此恭摺具
奏伏乞
皇上聖鑒謹
奏

知道了

咸豐二年三月初六日

九五九

奏

舒興阿等

交〇

防河官兵年滿

換撥由

三月三十日

奴才舒興阿、奴才哈勒吉那跪

奏，為黃河北岸防河官兵一年期滿，循例派撥更換，

以均勞逸，緣由恭摺具

奏，仰祈

聖鑒事。竊查黃河迤南循化、貴德兩處野番頻經偷

渡，經前任奴才議，在西寧、河州二鎮派撥官兵

四百名，寧夏、漢托洛亥、黃城、柚樓防兵六百名，共

計千名，於每歲冬令前往口外，分佈沿河扼

要各渡口駐劄巡防，節經

奏明在案。茲查道光二十年冬季前派防河

官兵業已防守一年期滿，亟宜更換，以均勞

逸。隨檄令西寧、河州二鎮挑派精壯官兵四百名，暨

飭寧夏托城各駐防副將抽撥防兵六百名遴委
妥靠守備千把等官二十二員撥給膘壯馬匹
配執鋒利器械管帶前往已於上年十二月
內齊抵河干分佈扼要各渡口巡守防範並責
令該管駐防副將隨時親往稽查加意嚴防期
保無虞除即飭撤舊班官兵各回原營歸伍操
防外所有防河官兵一年期滿循例派撥更換以
均勞逸緣由謹合詞恭摺具
奏伏乞
皇上聖鑒謹
奏
咸豐二年二月二十日奏
硃批知道了欽此
三月十四日

九六〇

奏

顏以燠

交〇

三月二十三日

查驗料垛摺由

河東河道總督臣顏以燠跪

奏爲查驗豫東黃河兩岸料垛完竣並嚴催趕辦

甎石情形恭摺具陳仰祈

聖鑒事竊照黃河修防料物遇有搶險工程雖可隨

時購用而要以宿儲爲根本辦理不容遲緩查

驗尤爲認真惟每年購料之難易須視收成之

歉豐上秋稭收尚屬中稔係霜降前後險工環

生追隄買用業已不少兼經江境興舉大工委員

前來豫東濒河一帶設廠爭購且須於遠處招

徠以致價值倍昂極甚艱難悉因難辦而遲延

誤事當經疊札嚴飭並派委工學習之京員馳

赴兩岸查催本年一冬天時晴霽車路可通均于

年前依限報竣亦有衛糧二所防料亦據廳
縣堆足數已上工尚挨所據廳稟照驗查各所
稭料堆于堤頂者謂門垛順坡所積者謂坦垛
堆於平灘者謂底廠俱限於地勢不得不然
在從前稭多之年歘發例帮二價足敷採辦
無所用其作弊一遇歉收料少或工用較多價
值昂貴不辦之員惟於廳員往往內垛高墊坦垛
底廠向有虛鬆深知此中情弊是以此次令內
垛兩抄坦垛底廠之料亦隨意指抄復逐垛丈
量尚皆足實因思上年之稭料既如此難購竟能得
先經步者推究其故一係各所自歲底一面諭
者各道於報完時先行就近驗收免有歪斜虛
鬆之弊押令星夜加料翻堆仍以一律整齊而以
費者不北岸儀高虞四廳尤為高大丈尺數餘廳
斤積土並山查驗無虧其磚石之碎同為修守要需
所有防料段辦者俱多採運完竣業經看工程形
勢碎石尚不敷備防歷年酌減之數于例據防
險報兩內由道酌發添購以待工備稅使蒿儲此

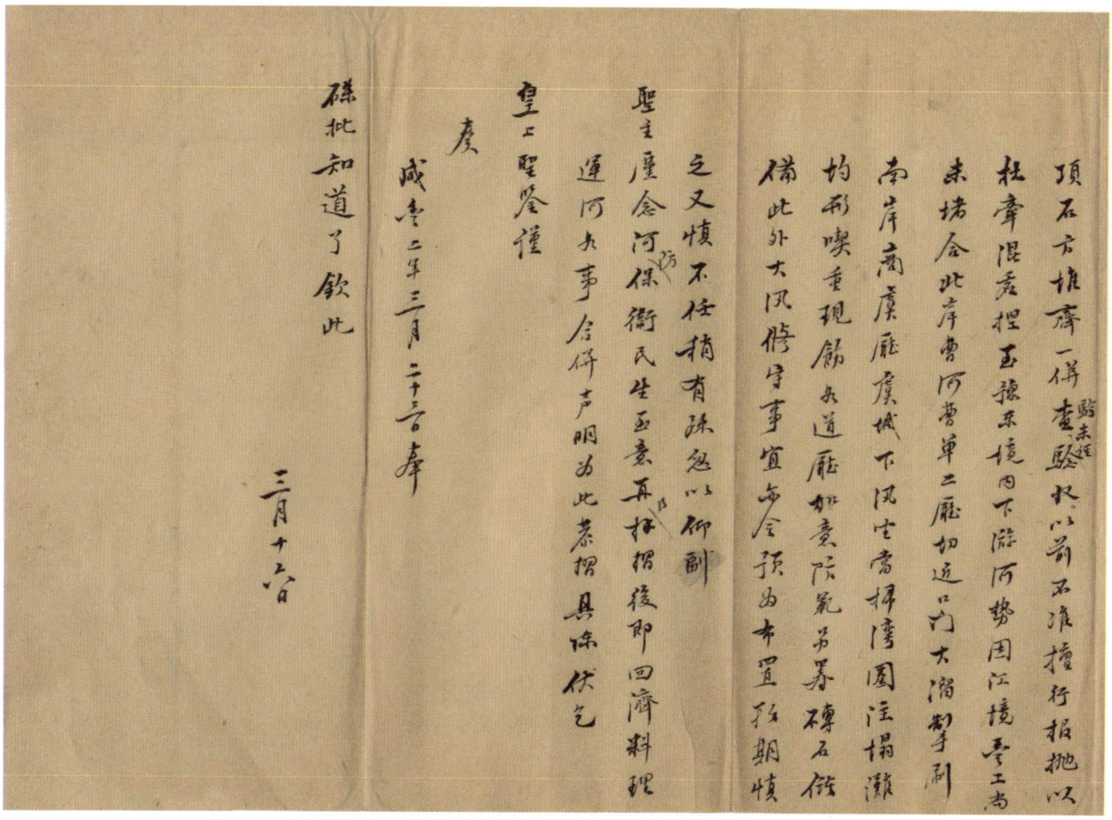
項石方塡齊一併查驗收以前不准擅行拆拋以
杜虛混剋扣至豫東境內下游河勢因江境豐工尚
未堵合北岸曹河曹單二廳切近口門大溜掣刷
南岸商虞廳虞城下汛亦當掃灣圈注塌灘
均形喫重現飭各道廳加意防範並籌磚石儲
備此外大汛修守事宜無不預爲布置務期慎
之又慎不任稍有疏忽以仰副
聖主廑念河防衛民生至意再拜摺後即回濟料理
運河各事合併聲明爲此恭摺具陳伏乞
皇上聖鑒謹
奏
咸豐二年三月二十三日奉
硃批知道了欽此
三月十二日

九六一

奏

河東河道總督臣顏以燠跪

奏為查驗豫東黄河各廳料垛完竣並嚴催趕辦甎石情形恭摺具陳仰祈

聖鑒事竊照黄河修防料物遇有搶險工程雖可隨時購用而要以歲稭為根本採辦不容遲緩查驗尤應認真惟每年購料之難易須視收成之歉豐上秋稭收尚屬中稔祇緣霜降前後險工環生近隄買用業已不少嗣經江境興舉大工委員前來豫東瀕河一帶設廠爭購且須於遠處招徠以致價值倍昂採甚艱難恐因難辦而遲延短少當經疊札嚴飭並派在工學習之京員馳赴兩岸查催幸一冬天時晴霽車路可通

均於年前依限報竣東省曹河曹單二廳防料
亦接廠購堆足數臣上工後挨廳挨廠細細點
驗查各廳稭料堆於隄頂者謂門垛順坡所積
者謂坦垛儲於平灘者謂底廠俱限於地勢之
不得不然在歲豐稭多之年額發例幫二價足
數採辦無所用其作弊一遇歉收料少或工用
較多價值昂貴承辦之員憚於賠累往往門垛
高整坦垛底廠間有虚鬆臣深知此中情弊是
以此次舍門垛而拆坦垛底廠之料亦隨意指
拆復逐垛丈量尚皆足實因思上冬稭料既如
此難購竟能得免短少者推究其故一係各廳
自顧考成一由該管各道於報完時先行就近
驗收凡有歪斜虚鬆之垛押令星夜加料翻堆
得以一律整齊而以曹考下北蘭儀商虞四廳
尤為高大丈尺數餘麻劻積土並已查驗無虧
其甎石二項同為修守要需所有防料改辦者
俱多採運完竣兹察看工程形勢碎石尚不敷
備防仍照歷年酌減之數於例撥防險銀兩内

由道酌發添購以裕工儲統俟嚴催此項石方
堆齊一併查驗未經驗收以前不准擅行報拋
以杜牽混虛揑至豫東境内下游河勢因江境
豐工尚未堵合北岸曹河曹單二廳切近口門
大溜掣刷南岸商虞廳虞城下汛坐當掃灣圈
注塌灘均形喫重現飭各道廳加意防範另籌
輓石儲備此外大汛修守事宜亦令豫為布置
務期慎之又慎不任稍有疎忽以仰副
聖主廑念河防保衛民生至意再臣拜摺後即回濟
料理運河各事合併聲明為此恭摺具陳伏乞
皇上聖鑒謹
奏

知道了

咸豐二年三月　十六　日

九六二

步軍統領衙門摺 江蘇文童黃河清條陳各款由

隨
奏旨交

呈司抄徹

七月[illegible]日

奴才載銓等謹

奏為奏
聞請
旨事據江蘇海門廳文童黃河清以江蘇地方屢被
水災開寫治河救荒等事條款求為轉奏等情奴才
等督飭司員詳加訊問據黃河清供我係江蘇
蘇州府海門廳文童年五十三歲在本省通州
福后沙地方居住耕讀為業我因江蘇地方屢
被水災民遭流離是以我具呈開寫修治黃河
救荒等事的條款十三條來京赴案呈遞的只
求轉奏所供是實等語　查黃河清以江蘇
地方屢被水災民遭流離開寫治河救荒等事

十三條求為轉奏等情查原呈內並無違悖字
句謹照例抄錄原呈條款恭呈
御覽伏候
皇上訓示遵行為此謹
奏請
旨

咸豐二年七月初七日臣載銓
臣綿勳
臣達洪阿

九六三

奏

署河南巡撫兼署東河總督臣陸應穀跪

奏為豫東黃河伏汛安瀾兩岸工程修守平穩現

在節逾處暑仍加謹督飭慎防恭摺具

奏仰祈

聖鑒事竊臣奉

命暫行兼署督篆遵於七月初七日自省起程馳赴

工次業經

奏明在案臣赴工經由南岸下南蘭儀二廳北岸

曹考下北二廳逐段詳加察看修守均屬妥協

查本年入伏以後陝州萬錦灘自六月初一初

二初六十三二十等日節次據報共長水一丈

八尺八寸加以本年雨水過多沁河同時並漲

且伊洛纏澗諸水汹湧下注勢甚浩瀚據各該
廳隨時禀報蟄塌埽段情形不一經南北兩道
督率廳汛及各委員確勘河勢趨向將應築應
廂應補處所分別認真辦理所有搶護各工均
無貽悮現據下北曹考等廳呈報初十十一兩
日陸續長水七尺二三寸不等比較上届水大
六七尺幸各工修廂穩固足資抵禦惟連日西
北濃雲密雨察看溜勢猛急來源尚盛雖節逾
處暑而秋汛為日正長誠恐秋漲勤旺籌備倍
宜慎重臣惟有督率妥為修防不敢稍有疎懈
以期安瀾鞏固共慶平成仰慰
宸廑所有伏汛安瀾處暑前工程平穩情形理合據
實陳明為此恭摺具
奏伏乞
皇上聖鑒謹
奏

覽奏均悉

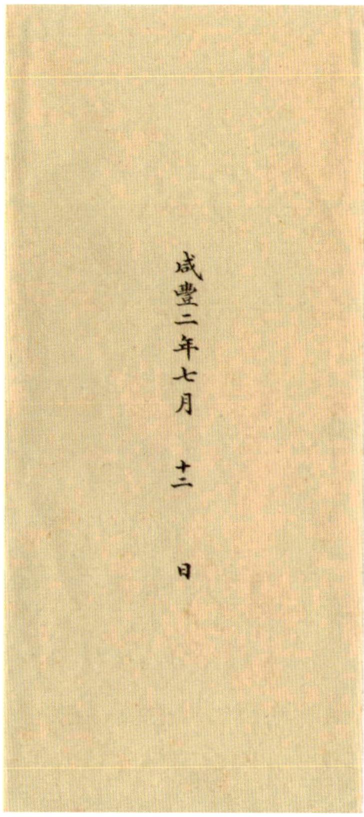
咸豐二年七月　十二　日

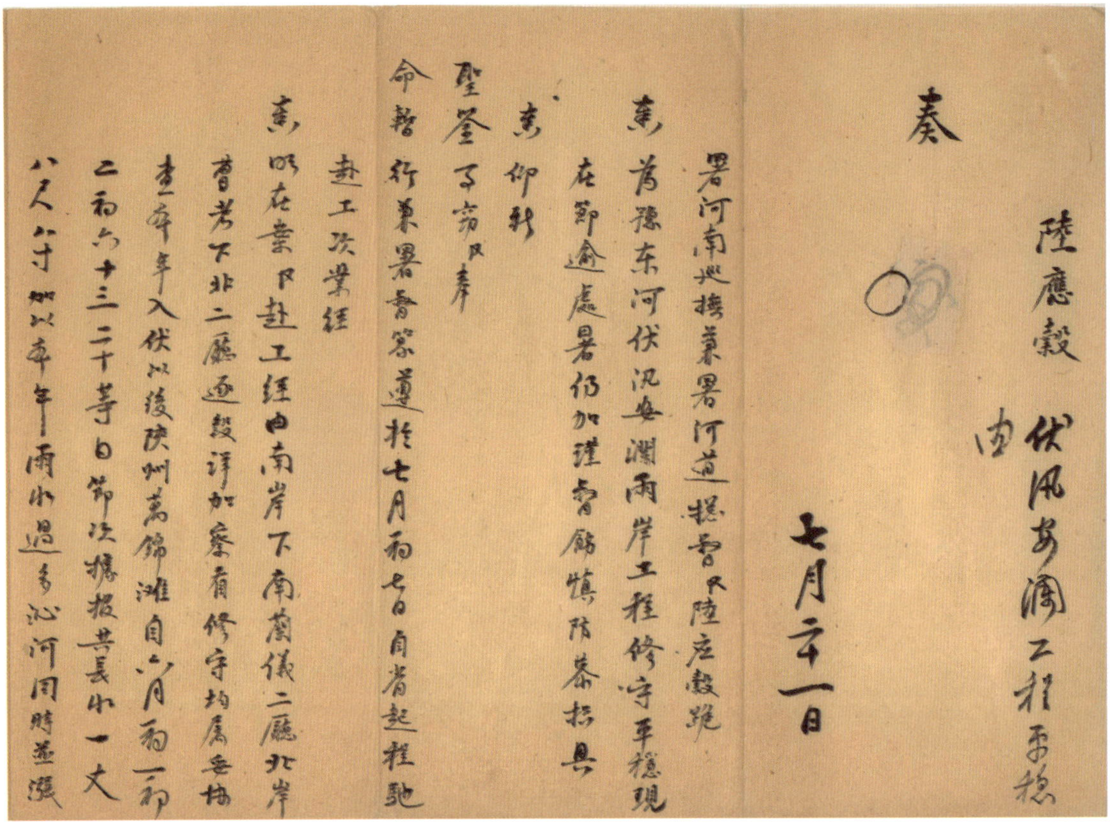

奏

陸應穀 伏汛安瀾工程平穩由

七月廿一日

署河南巡撫兼署河道總督臣陸應穀跪

奏，爲豫東河伏汛安瀾兩岸工程修守平穩現

在節逾處暑仍加謹督飭慎防恭摺具

奏，仰祈

聖鑒事。竊臣奉

命暫行兼署督篆，遵於七月初七日自省起程馳

赴工次，業經

奏明在案。臣赴工經由南岸下南、蘭儀二廳，北岸

曹考、下北二廳，逐段詳加察看，修守均屬妥協。

查本年入伏以後，陝州萬錦灘自六月初一、初

二、初六、十三、二十等日節次據報共長水一丈

八尺八寸，加以本年雨水過多，沁河同時並漲

具伊洛瀍澗諸水洶湧下注勢甚浩瀚據各
該廳隨時稟報蟄埽場段情形又一經南北
兩道督率廳汛及各委員確勘河勢趨向將
應築應廂應補處所分別認真辦理所有
搶護各工均無貽誤現據下北曹考等廳呈報
初十十一兩日陸續長水七尺二三寸不等比較
上屆水大六七尺幸各工修廂穩固足資抵禦
惟連日西北濃雲密雨察看溜勢猛急來源
尚盛雖節逾處暑而秋汛爲日正長誠恐執
汛勤駐籌備倍宜慎重仍惟有督率妥爲修
防不敢稍有疏懈以期安瀾鞏固共慶平成
仰慰
宸廑所有伏汛安瀾處暑前工程平穩情形理合
據實陳明爲此恭摺具
奏伏乞
皇上聖鑒謹
奏
咸豐二年七月[illegible]

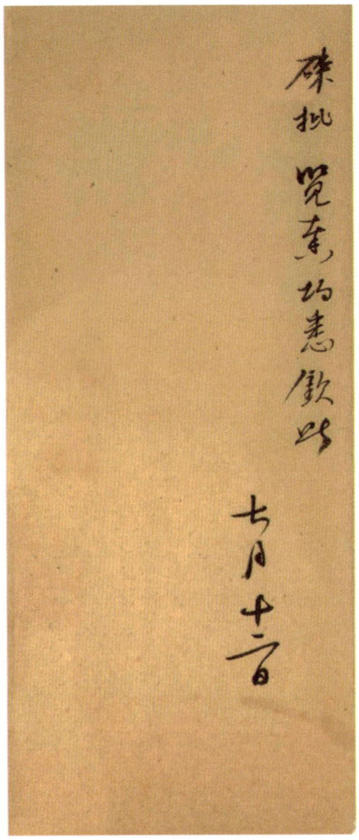

硃批 覽奏均悉欽此

七月十二日

九六五

奏

河東河道總督奴才慧成跪

奏為節逾秋分黃河兩岸工程督防平穩並查勘
下游河勢情形恭摺具陳仰祈
聖鑒事竊奴才於七月二十九日將接印任事日期具
奏後因下游兩岸辦過各工前兼署河臣陸應穀
尚未履勘奴才即於八月初三日南渡歷蘭儀儀
睢睢寧商虞復北渡至曹河曹單曹考現已折
回蘭陽廟工伏念河防關係至要修守首重安
瀾果能錢糧料物儲備充足員弁兵夫星羅棊
布即猝遇險工自可搶護無虞不致貽誤奴才雖
曾任東河僅逾半載未經大汛且時隔十年之
久黃河水性就灣溜趨靡定今昔情形判然不

同是以每到一工處處親勘事事確查藉閱歷
以資講求因講求而詳利弊必衆論僉同方敢
據以為實查各廳防險錢文早於伏前由道照
例給發應用協防候補人員派赴工次分段駐
守巡查籌備尚屬周密復經前河臣派委在工
學習之内閣中書姚近韓禮部主事江健及服
滿回工之吏部候補主事胡連燿前赴兩岸查
工防汛各該員深知河工緊要往來長隄勤慎
留心臣詳察大河形勢現在循軌東行惟黄流
為微山湖清水頂托去路未能暢注探量河身
不免節節淤墊長水因之擡高埽壩倍形喫重
幸料物甎石早經節次添購得以鑲拋應手保
護平穩除甎石二項容俟周歷通工查驗實用
數目核準具
奏外所有勘明各廳鑲辦埽段謹彙繕另片恭呈
御覽其本年土工先經該管各道驗收如式臣順道
覆驗並無虧短草率之處至黄河來源自前兼
署河臣

奏報白露摺後據陝州呈報萬錦灘於七月二十三日巳時長水三尺八寸八月初五日未時續長水四尺黄沁廳呈報武陟沁河於八月初四日卯時長水一尺二寸先後下注各廳報長雖屬無多而秋濤迅利淘底搜根且汛期尚有二十餘日修守防護仍未可一刻鬆懈上游續有報鑲工段及下南廳伏秋之間鑲護防風埽未曾叢奏之工奴才當再勘驗附陳斷不任虚揑並督飭道廳實心實力妥慎經理務保安瀾仰紓

宸廑為此恭摺具陳伏乞

皇上聖鑒謹

奏

知道了

咸豐二年八月　十五　日

再南糧重運頭進首大河前幫船過濟後經署
運河道方墉照例督押嚴催北上於七月十九
日申時輓出臨清牐二十九日巳時趲出德州
柘園鎮東境截至是日止共出東境船二幫其
二進首江西贛州幫船於七月二十六日戌時
入東截至是日止共入東境十六幫三十日共
出臨清牐十幫八月初二日共過濟城天井牐
十三幫汶衛水勢充足弩現仍嚴飭運河道廳
及司漕文武員弁分段加緊趲催速益求速行
走湖坡之處並飭妥為照料不任疏忽遲延理
合附片奏
聞謹
奏

知道了

九六六

慧成 西岸工程平穩由

奏 ○ 八月二十二日

河东河道總督奴才慧成跪

奏為勘過秋分黄河兩岸工程督防平穩並查勘下游河勢情形恭摺具陳仰祈

聖鑒事竊奴才於七月二十九日將接印任事日期具

奏後因下游兩岸所過各工前兼署河臣陸應穀尚未履勘奴才即於八月初三日南渡歷蘭儀儀睢睢寧商虞復北渡至曹河曹單曹考現已折回蘭陽廟工伏念河防關係至要修守首重妥潤果能錢糧料物儲備充足員弁兵夫星羅綦布即猝遇險工自可搶護無虞不致貽悞奴才雖曾任东河僅逾半載未經大汛且時隔十年之久黄河水性就湾溜趨靡定今昔情形判然

不同是以每到一工處親勘事事確查藉閱歷以資講求因講求而詳利弊必眾論僉同方敢據以爲實查各廳防險錢文早於伏前由道照例給發應用協防候補人員派赴工次分段駐守巡查籌備尚屬周密復經前河臣派在工學習之內閣中書姚近韓礼部主事江健及服滿回工之吏部候補主事胡連耀前赴兩岸查工防汛各該員深知河工緊要往來長隄勤慎留心奴才詳察大河形勢現在循軌東行惟黃流爲徽山湖清水頂托去路未能暢注探量河身不免節節淤墊長水因之擡高埽壩情形吃重幸物料石早經節次添購得以鑲拋應手保護平穩除料石二項容俟周歷通工查驗實用數目核準具

奏外所有勘明各廳廂辦埽段謹彙繕另片恭呈

御覽其本年土工先經該管各道驗收如式奴才順道覆驗並無虧短草率之處至黃河來源自

前兼署河臣

奏
報白露節後據陝州呈報萬錦灘於七月二十
三日巳時長水三尺八寸八月初五日未時續長水
四尺黄沁廳呈報武陟沁河於八月初四日卯時
長水一尺二寸先後下注各廳報長雖屬無多
而秋汛迅利淘底搜根且汛期尚有二十餘
日修守防護仍未可一刻鬆懈上游續有報廂
工段及下南廳伏秋之間廂護防風埽未曾
核奏之工以下當再勘驗附陳斷不任虛捏並
督飭道廳實心實力妥慎經理務保安瀾仰紓
宸廑為此恭摺具陳伏乞
皇上聖鑒謹
奏

咸豐二年八月二十六日奉
硃批知道了欽此

八月十五日

九六七

奏

河東河道總督臣慧成跪

奏為寒露已過黃河水平工穩現在督飭豫籌來歲修守事宜並查勘上游河勢情形恭摺仰祈

聖鑒事竊照節逾秋分督防工程平穩緣由業於八月十五日具

奏後將積牘稍為清理復於二十日啟程由北岸溯查西上歷下北祥河衛糧黃沁又於滎澤渡河而南順查上南中河下南計豫東兩岸十四廳俱已勘遍詳察上游河勢節節下卸較前迴不相同是以連年舊險新工層見疊出中牟大壩前一片淤灘大溜現趨迤下托戧魚鱗順水等壩行走自交秋分以後大河來源雖無報長

兩水未經霜其力尚勁新埽仍不免淘蟄加鑲
修防不任鬆懈所有前此續稟搶辦之工奴才逐
加勘驗凡用料較少段落概行剔除實有舊埽
塌盡亟應補鑲者如豫省南岸上南廳鄭州下
汛九堡舊順壩頭埽上首接連順隄舊埽三段
舊順壩埽工三段十堡戧壩埽工四段俱係上
兩年緩修溜勢趨注朽底匯淨照段補還新埽
十段中河廳中牟下汛九堡托頭壩迤上北戧
頭二三四埽並托頭壩三埽至七埽係先後停
修之工底料朽腐河溜搜淘陸續匯塌補還新
埽九段又伏秋之間下南廳祥符上汛三十三
堡迤北圈堰上首及祥符下汛三十五堡起至
三十八堡下交界止補鑲防風埽工共長一千
一百四十六丈擋禦灘水保衛隄身最關緊要
前兼署河臣陸應穀任內未經
奏茲奴才覆勘屬實一併附陳其甎石二項同為河
防要需甎塊則拋護未生之工藉免添鑲新埽
碎石則偎護埽身蓋壓甎工最能捍禦溜勢當

情形喫緊之時不能不准各廳動撥詢之各道
查驗之法因水中探量未能準確向係按底冊
數目以存數用多仿照辦理先量現存堆方數
計動用之數並無虛捏謹分別彙繕另片恭呈
御覽河工機要全賴豫籌備防來歲修守事宜以估
辦土工為當務之急而工員狃於積習往往避
難就易多此次周歷兩岸每到一廳留心察看
擇其應幫應加段落隨時登記密諭該管道嚴
督各廳撙節確估俟彙稟到日覆覈
奏請飭辦至上年霜降後起至本年霜前止動用
錢糧總數多現在督飭各道詳慎勾稽可減即
減務歸覈實另容
奏報所有寒露已過水平工穩各緣由理合恭摺
具陳伏乞
皇上聖鑒再霜降安瀾摺查照向例由驛馳奏並先
聲明謹
奏

知道了

咸豐二年九月　望　日

再正在繕摺間接據甘肅寧夏府呈報黃河水勢於八月十九日亥時又漲水一尺八寸連前共漲水九尺二寸已入硤口誌樁九字二刻蹟查寧夏府黃河在河南陝州萬錦灘之上此次僅長水一尺餘寸紆迴下注各廳報長無多工程悉臻平穩理合附片奏

聞謹

奏

知道了

五丈曹考廳蘭陽下汛頭堡夾土壩下段上首斜壩頭甎壩加抛接長連舊甎週牽長十九丈東省曹河廳曹下汛二堡第三四兩道甎垛加抛牽長七丈及六丈九尺八寸曹單廳單上汛九堡魚鱗二壩下首抛護人字壩南坦牽長十七丈四尺以上各工每道用甎自二百九十餘方至一千三十餘方不等辦理均屬合宜深資挑護之益另容彙繕清單彙呈

御覽合先附片具陳謹

奏

知道了

再各廳本年拋辦碎石工程或舊石游蟄加拋或甎壩埽工喫重拋護驗無虛捏係豫省南岸上南廳鄭州上汛八堡順三壩新頭埽上首石垛迤上接連順隄頭埽前並舊有碎石之二埽中河廳中牟下汛九堡托二壩舊有碎石之四埽並七埽下南廳祥符上汛十九堡蓋壩下首順河土堰前舊有碎石之第一二三道各甎拋壩外蘭儀廳蘭陽汛蔡家樓順隄舊有碎石之六埽並九堡柴壩舊有碎石之十八埽儀睢廳睢州上汛三堡順水二壩舊有碎石之甎壩外睢寧廳睢州下汛七堡順水頭壩舊有碎石之甎壩外商虞廳虞城上汛十二堡托四壩舊有碎石之甎壩外北岸黃沁廳唐郭汛攔黃堰三道護壩下首第一道土壩頭甎壩及舊有碎石之第四道靠壩前甎壩各壩頭並西面衛糧廳陽武汛十七堡前接月石壩尾起土壩南面頭道魚鱗壩頭舊有碎石之甎壩加拋接長祥河廳祥符上汛十五堡挑水壩三四兩埽中間並

十六堡第三道挑壩二三兩埽中間各有碎石
一段刷蟄加抛下北廳蘭陽汛銅瓦鑲上壩上
首原有石垛二道迎溜著重加抛捍禦曹考廳
蘭陽下汛頭堡托壩頭並西面東省曹河廳曹
下汛五堡舊有碎石之土壩頭並西面曹單廳
單下汛四堡新頭壩舊有碎石之藏頭埽並上
首壩檔以上各工每段用石自二百七十餘方
至一千五百三十餘方不等俱屬應行辦理抵
禦甚為得力除另繕清單恭
奏外合先附片陳明謹
奏

知道了

九六八

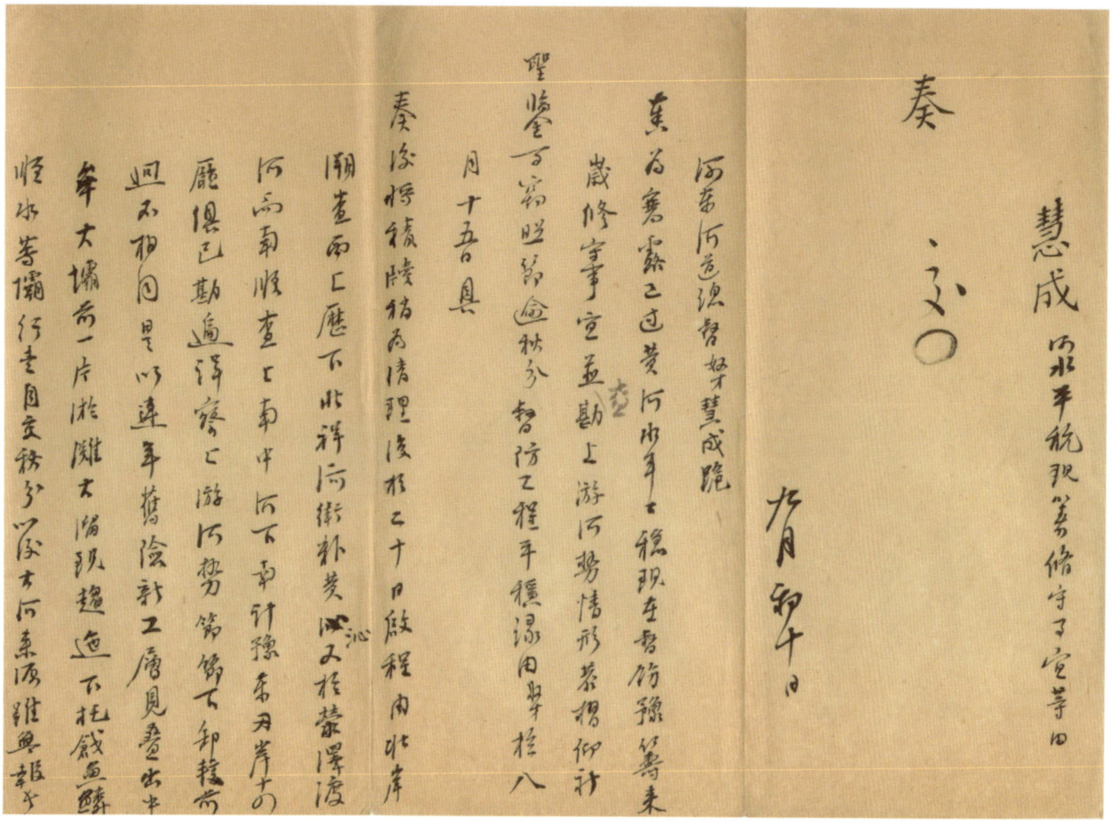

奏

慧成 河水平穩現籌備修守事宜等由

八月初十日

河東河道總督奴才慧成跪

奏為霜降已過黃河水勢平穩現在督飭豫工籌辦來

歲修守事宜並勘上游河勢情形恭摺仰祈

聖鑒事竊照節逾秋分督防工程平穩緣由業於八

月十五日具

奏。嗣將積險各處清理後於二十日啟程由北岸

溯查而上歷下北祥河衛粮黃沁又於滎澤渡

河而南順查上南中河下南計豫東兩岸十四

廳俱已勘遍詳察上游河勢節節下卸較前

迥不相同是以連年舊險新工層見疊出中

牟大壩前一片淤灘大溜現趨迤下抵[illegible]

惟水等備行查自交秋分以後大河來源雖無報

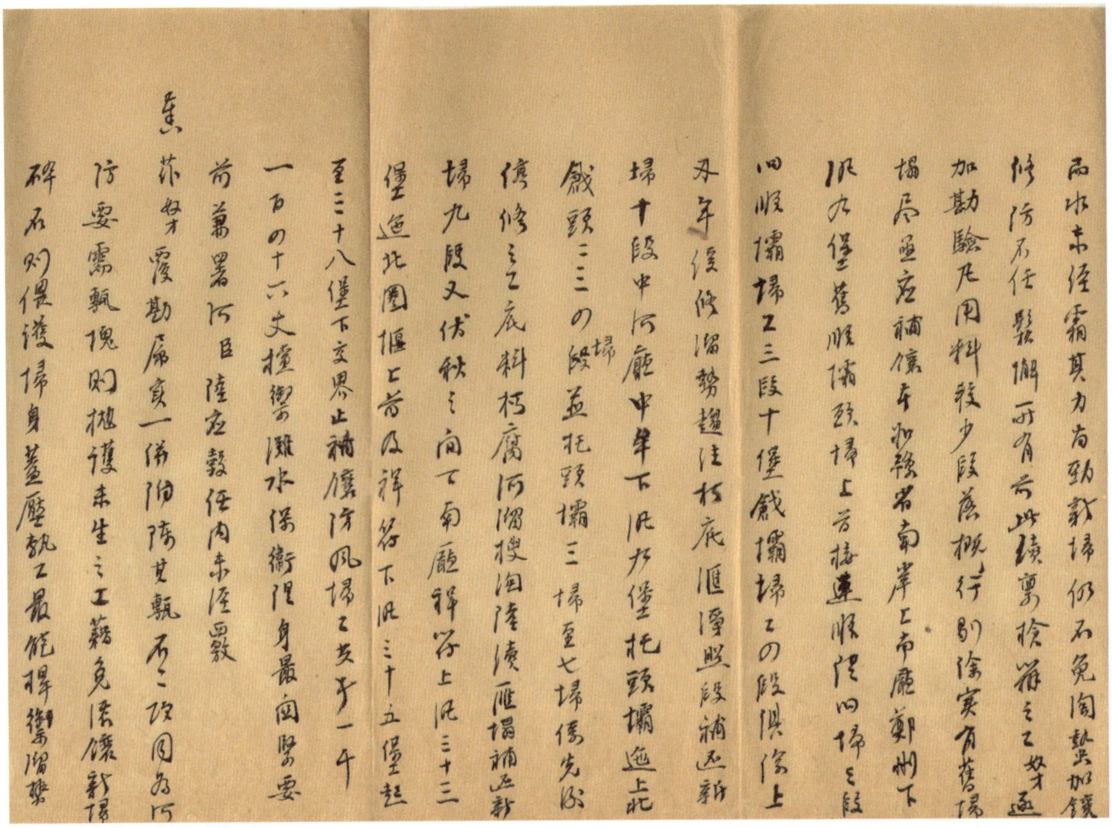
而水未經霜其力尚勁新埽仍不免淘墊加鑲
修防不任懸擱所有前此續稟搶辦之工奴才逐
加勘驗凡用料較少段落概行剔除實有舊埽
塌陷並應補鑲者如錄若南岸上南廳鄭州下
汛九堡舊順攔頭埽上首接連順隄四埽二段
四順攔埽工三段十堡戧攔埽工四段俱係上
年經修溜勢趨注朽底陷墊照段補還新
埽十段中河廳中牟下汛廿堡托頭攔迤上批
戧頭二三四段埽並托頭攔三埽至七埽係先後
停修之工底料朽腐河溜搜淘陸續匯塌補還新
埽九段又伏秋之間下南廳祥符上汛三十三
堡迤北圈堰上首及祥符下汛三十五堡起
至三十八堡下交界止補鑲防風埽工共計一千
一百四十六丈擋禦漲水保衛隄身最關緊要
前募署河臣陸應穀任內未經覈
奏
茲奴才覆勘屬實一係伏陰其飄不已改用為河
防要需飄塊財搶護未生之工藉免漫潰新埽
碎石則保護埽身蓋歷執工最能捍禦溜勢

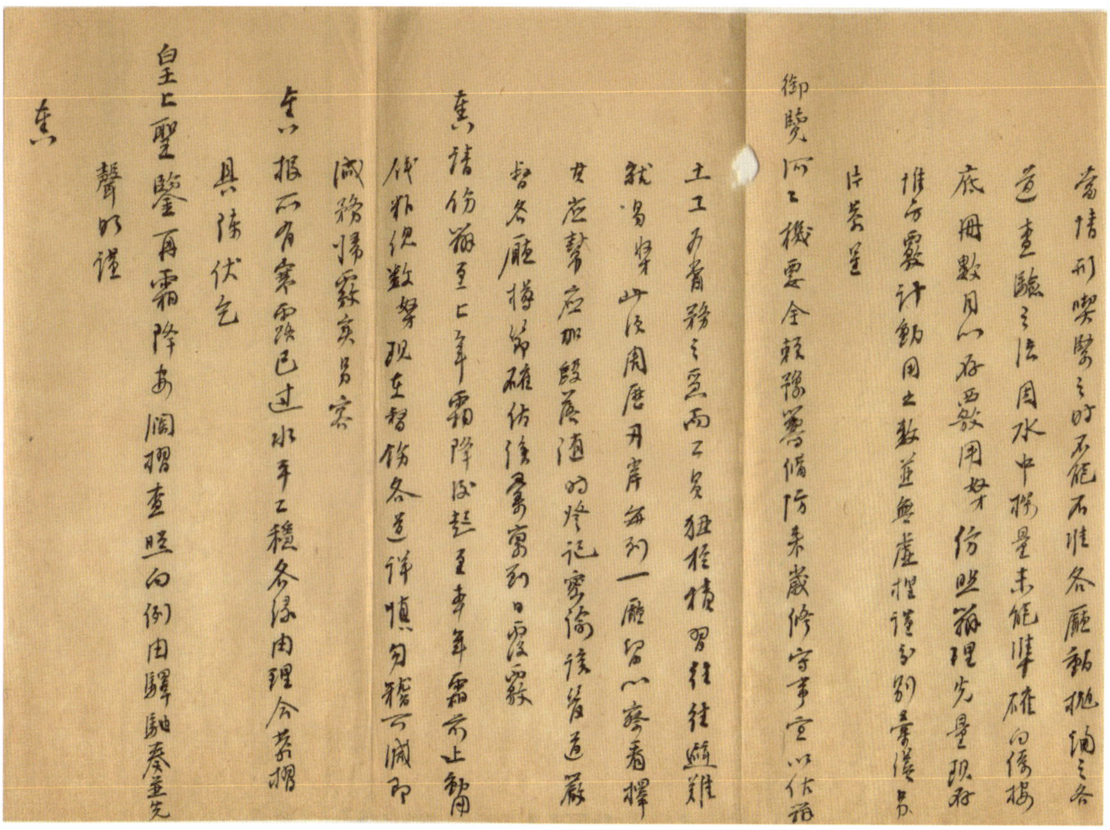

當情形喫緊之時不能不准各廳動撥調之各
道查驗之法因水中探量未能準確向係按
底冊數目以存西敷用若仿照辦理先量現存
堆方覈計動用土數並無虛捏謹分別繕清
單恭呈
御覽所有機要全賴豫籌備防來歲修守事宜以及辦
土工尤爲務之要而工員狃於積習往往避難
就易奴才此後周歷兩岸每到一廳留心察看擇
其應幫應加段落隨時記寫備後發道嚴
督各廳擇要確估詳案寫到日覆覈
奏請飭部至七年霜降後起至本年霜前止動用
代料銀數目現在督飭各道詳慎勾稽可減即
減務歸覈實另案
奏以報所有寒露已過水平工穩各緣由理合恭摺
具陳伏乞
皇上聖鑒再霜降安瀾摺查照向例由驛馳奏並先
聲明謹
奏

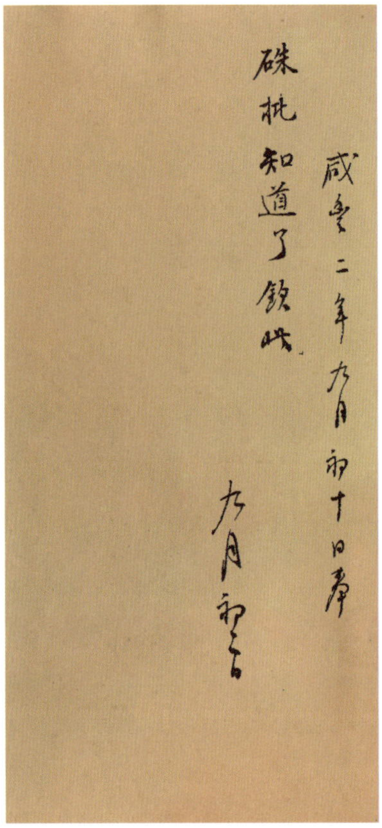

咸豐二年九月初十日奉

硃批知道了欽此

九月初二日

九六九

奏

河東河道總督奴才慧成跪

奏為節交霜降豫東黃河普慶安瀾恭摺馳

奏仰慰

聖懷事竊照本年黃河各路來源水勢節長情形均

經前河臣並兼署河臣及奴才隨時具

奏在案查伏秋之間正當盛漲頻仍水大工險之

際而河督關防遠在東省此處並無統率全賴

該管各道不敢拘泥往來長隄督飭廳營印委

員弁盡力修防相機搶辦嗣署河南撫臣陸應

穀奉到兼署河督之

命不俟接篆迅即出省馳赴蘭陽廟工駐守復周歷

上游督防並蒙

皇上不惜帑金凡有所請無不仰邀
恩准俾料物甎石購備充足鑲拋應手兩省撫臣藩
司及沿河府州縣委亦協力同心得以一律保
護無虞奴才到任後復親歷兩岸詳勘各廳情形
實屬異常險要且秋濤迅利淘底搜根新埽甫
經加鑲舊埽復多匯塌不容停手尤切驚心每
見溜勢堆擁擊撞潰壩汕隄怒激雷鳴深為惴
惴修護巡防未敢一刻鬆勁現在水消溜弱各
工悉臻平穩節交霜降全河普慶安瀾奴才感荷
聖德
神庥恭詣蘭陽惠安觀敬謹祀謝通工官弁兵民
莫不歡欣鼓舞共頌
皇仁奴才慶幸之餘彌增寅畏現將來歲修守事宜及
下北廳最險之工加幫大隄購備料物妥為布
置並飭各道廳照舊巡防雖交冬令不准稍存
怠忽奴才因東省運河設法籌催重空漕船現關
緊要且應細勘南路湖河情形豫籌修復運道
發摺後趕緊料理案牘即行赴濟另容次第具

奏所有豫東黃河霜降安瀾謹會同署河南撫臣
陸應穀山東撫臣李僡恭摺循例由驛馳
奏伏乞
皇上聖鑒再本年在事人員除循分供職外其有搶
辦險工不辭勞怨實在奮勉出力者先據各道
開單稟保前來竝詳密察訪存記可否量加鼓
勵之處恭候
訓示祇遵謹
奏

另有旨

咸豐二年九月　十一　日

九七〇

奏

慧成

隨旨交〇

東河安瀾由

九月十五日

河東河道總督奴才慧成跪

奏爲黃河霜降豫東黃河普慶安瀾恭摺馳

奏仰祈

聖懷事竊照本年黃河各路來源水勢節長情形均經

前河口並南岸河口及奴才隨時具

奏在案查伏秋之間正當盛漲頻仍水大工險之際兩

河堤閒段遠在東省沙灘並無綻離全賴該管道

道不敢拘泥往來長隄堵防廳營印委員弁竭力修

防相機搶辦嗣因河南撫臣請旨派奴才兼署河督之

命不候接篆即出省馳赴蘭陽之廳工駐守復周歷上

游堵防並叅

皇上不惜帑金凡有聲請無不仰邀

恩准俾料物碎石儲備充足，鑲拋應手，兩省撫臣、藩司及沿
河廳州縣亦協力同心，得以一律保護無虞，實皆仰仗
臣復親歷兩岸詳勘各廳情形，實屬異常險要，
且秋汛迭到，淘底搜根，新埽甫經加鑲，舊埽復多
蟄塌不定，觸手尤切驚心，每見湍勢推擁擊撞，潰
堤汕堤，忽潑雷崩，深為惴惴，修守巡防，未敢一刻
鬆勁。現在水消汕弱，各工悉臻平穩，節交霜降，全
河普慶安瀾，實叨慶荷
聖澤
神庥蒼佑，蘭陽惠安，觀敬謹祀謝通工，省弁兵民莫
不歡欣鼓舞，共頌
皇仁。臣荷慶幸之餘，彌切寅畏，將來歲修守可宜及下北
廳最險之工，加幫大堤，儲備料物，安為布置，並飭各
道廳照舊巡防，雖屆冬令，不准稍存懈怠。臣因東省
運河撥法籌催重空漕船現因緊要，且應細勘南路
湖河情形，預籌修濬運道，業擬趕緊料理，業
牘即行赴濟寧次第具
奏。茲有豫東黃河霜降安瀾，謹會同河南撫臣陳應然

山東撫臣李僡奏酌擬例由

奏伏乞

皇上聖鑒再本年全工人員除循分供職外尤有搶辦險工

不辭勞瘁實在奮勉出力者先據各道開單稟保前

來容詳察核存記可否量加鼓勵之處恭候

訓示祗遵謹

奏

咸豐二年九月十五日奏

硃批

欽此

九月十七

九七一

奏

河東河道總督奴才慧成跪

奏為遵

旨查明豫東黃河大汛在工尤為出力人員秉公酌

保恭摺

奏祈

聖鑒事竊奴才欽奉

恩旨勅將在工人員擇其尤為出力者秉公酌保數

員候朕施恩毋許冒濫等因欽此奴才跪讀之下欽

感實深伏查修守巡防本係河員專責即沿河

府州縣委亦例應協防何敢遽望

恩施惟歷蒙

聖主策勵臣工微勞必録是以每當伏秋大汛水長

工繁莫不踴躍從公本年河水節次盛漲舊險
新工層見疊出自伏徂秋鑲拋廂已兼之江境
豐工停堵雖口門洩漲尚暢究有微山湖清水
頂托深虞上游各工喫重修防倍關緊要全賴
員弁兵夫同心協力奮勇搶辦得以悉臻平定
藉收羣策羣力之效但人數過多必須確覈詳
查秉公辦理固不敢見好屬員稍任冒濫其實
有勤能卓著不避勞怨始終奮勉人所共知者
亦不便沒其微勞先據該管各道密稟前來弩
因公晉省復與署河南撫臣陸應穀當面熟商
謹擇其確有實績尤為出力者彙繕名單恭呈
御覽其次出力人員容照例分別等第咨部覈辦再
管河各道霜降安瀾後向應附請議敘除開歸
道林揚祖署河北道龔瑞穀另片具陳外查前
升任河北道長臻修防諳練辦事實心前署兗
沂道候補道劉慶凱精明渾厚修守得宜現任
兗沂道厲恩官才識明敏為守兼優可否照案
均交部議敘之處出自

天恩所有遵

旨查明大汛尤為出力人員理合秉公保

奏伏乞

皇上聖鑒訓示謹

奏

另有旨

咸豐二年九月　廿六　日

再河工關係至要修守首重機宜當大汛水長
工繁全賴該管上司督率有方始克保護無虞
錢糧亦不致虛糜本年伏秋之間河水節次盛
漲險工環生適值前河臣因病未能赴豫嗣即
出缺經山東撫臣代管河篆奏請
簡放計交大汛後月餘之久豫中並無河督統率修
防為歷來所未有而黃河兩岸大隄各亙長四
五百里臨黃險要工段在在皆是該管開歸道
林揚祖署河北道候補道龔瑞穀不分晝夜兩
岸往來督飭廳營汛委員弁盡力鑲修相機搶
護有膽有識不避勞怨竟能搶辦一律平穩化
險為夷實與歷屆防汛大不相同先經署河南
撫臣陸應穀面述該道等在工情形奴才復明察
暗訪衆論僉同各該道係監司大員本不敢冒
昧擅保惟目前
國家需才孔亟奴才仰承
恩命總督東河既於所屬中確見其著有勤勞才堪
任使即應據實保薦何敢拘泥緘默壅於上

聞查開歸道林揚祖才明心細有品有學辦事認真

力除河工積習由給事中

京察記名於上年正月奉

旨補授斯缺旋於秋間署理布政使印務經管錢糧出入詳慎鉤稽深於度支有裨署河北道候補道龔瑞穀熟諳修防機宜明練由河廳捐升道員歷署開歸道及汝寧懷慶等府現署河北道印務辦理裕如輿情愛戴在豫省四十餘年並無河工習氣該道等洵屬出色可靠之員可否

仰懇

天恩將開歸道林揚祖賞加鹽運使銜署河北道龔瑞穀歸於候補班內補用遇有河南山東河道

缺出請

旨簡放俾為鼓勵人才起見謹附片

奏請伏候

聖裁謹

奏

另有旨

九七二

奏

慧成 並保安瀾出力各員由

同治隨
旨交 ○ 單一同抄繳

十月初五日

河東河道總督臣慧成跪

奏爲遵

旨查明豫東黃河大汛在工尤爲出力人員秉公酌保

恭摺

奏祈

聖鑒事竊臣等欽奉

恩旨敕將在工人員擇其尤爲出力者秉公酌保將員

候朕施恩毋許冒濫等因欽此跪讀之下欽感

實深伏查修守巡防本係河員專責即沿河府

州縣委員亦應協防何敢邀望

恩施惟歷蒙

聖主策勵在工微勞必錄是以每當伏秋大汛水長

工程莫不穩固。迨以本年河水節次盛漲，舊
險新工層見疊出，自伏秋鑲拋廂埽，已萬分江
境豐工停坍，雖口門淤澱，尚暢究有徽山湖清
水頂托。保護上游各工，嗣重修防信閘，需要全賴
員弁兵夫同心協力奮勇搶辦，得以慕臻平穩，
藉收群策群力之效。但人數過多，必須確覈
詳查秉公辦理，固不許見好屬員，稍任冒濫；其
實有勤能卓著，不避勞怨，始終奮勉，人所共
知者，亦不便沒其微勞。先據該管各道密呈前
來，臣因公晉省，復與兼河南撫臣陸應穀當面熟
商，謹擇其確有實績尤為出力者，繕具名單恭呈
御覽。其次出力人員，容照例分別勞績，咨部覈辦。再
管河各道霑降安瀾，從向應附請議敘。昨聞歸
道朱楊祖丞、河北道龔綿穀另片具陳外，查前
升任河北道長臻，修防諳練，辦事實心；前署
兗沂道候補道劉慶凱，精明渾厚，修守得宜；
現任兗沂道慶恩，才識明敏，為守兼優，可否
照案均交部議敘之處，出自

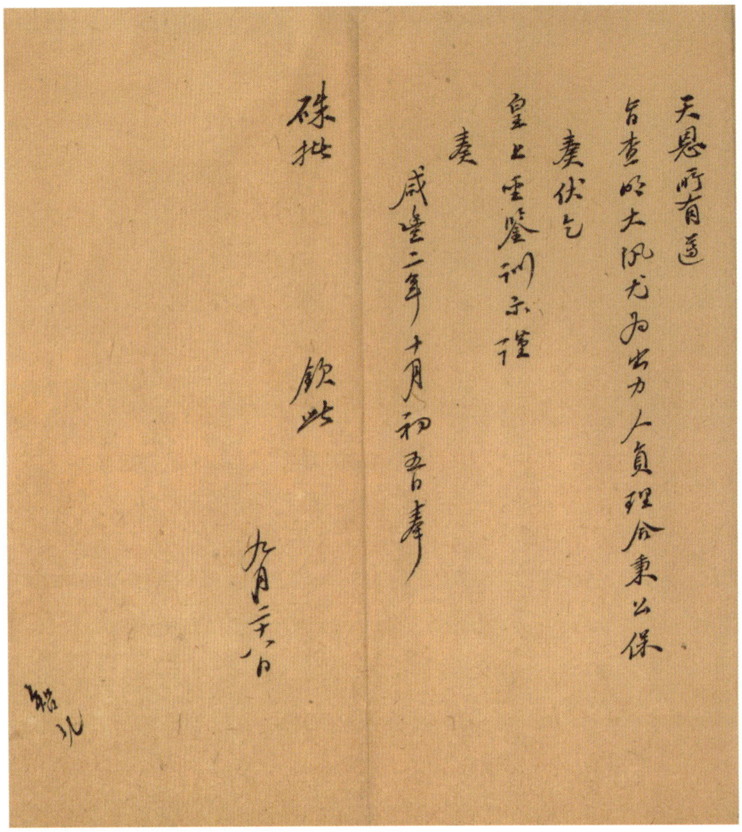

天恩所有遵
旨查明大汛尤為出力人員理合恭摺保
奏伏乞
皇上聖鑒訓示謹
奏
咸豐二年十月初五日奉
硃批　欽此
九月二十八日
銘兆

奏

河東河道總督㚢慧成跪

奏為覈實勘估豫東黄河兩岸癸丑年土工減准

請修以資保衛恭摺具陳仰祈

聖鑒事竊照豫東黄河地居上游土性沙鬆溜趨靡

定兩岸有工各處料物甎石齊備可以隨時鑲

修抛護其無工處所一經漲水上灘全賴隄堰

鞏固用資保障是以每年霜後估辦來歲土工

最為急務惟有工處少無工處多並有臨黄大

隄較窄亟應加幫片段過長經費支絀必須擇

要增培方能無誤無糜㚢於秋閒到任後乘查

工之便沿隄留心察看凡有卑薄應修段落密

為存記旋即照案通飭黄河三道督廳確切勘

估諭令覈實刪減嗣據先後估稟前来筭復詳加覈對擇其必不可緩之隄堰壩戧或一面幫寬或兩面幫寬或頂上加高培築月隄添估土壩或大子堰頂上加築小子堰並子堰頂上加築新堰或包築埽靠戧壩添估靠壩小月堰或包築舊壩接築人字壩以及填補殘缺溝形窪形阬塘水塘窪塘阬窪等工按取土遠近每方給例價銀一錢九分二釐及二錢一分六釐其隔水遠遠選淤倍極艱難者每方津貼銀三分四釐八分四釐及一錢三分四釐不等計豫省兩岸十二廳估需例價銀二十萬七千三百四十餘兩津貼銀三萬一千四百八十餘兩共例津二價銀二十三萬八千八百餘兩東省曹河曹單二廳估需例價銀二萬二千三百九十餘兩津貼銀四千三十餘兩共例津二價銀二萬六千四百餘兩通計共估銀二十六萬五千二百餘兩均屬無浮覈較上冬估辦壬子年土工銀數有減無增仰懇

天恩俯念河工修防關繫
國計民生至爲緊要准於豫東藩庫照數撥發各
該道飭廳具領分派工員豫雇夫車交春興修
認真如式堅築勒限夏至以前辦竣務當將辦
工舊章先期頒發力杜偷減情弊統俟工完後
親赴兩岸挨廳細心查驗如有草率及丈尺不
足錐試滲漏段落立即指名嚴參著賠斷不敢
稍事姑容以仰副
聖主慎工重帑之至意所有勘估豫東黄河癸丑年
土工減准請修緣由謹會同署河南撫臣陸應
穀山東撫臣李僡恭摺具陳伏乞
皇上聖鑒訓示再此案土工請照前河臣奏定章程
按銀七錢三搭放俟撥到銀兩由道提出三成
易錢以一千五百文作銀一兩覈發餘錢仍按
時價合銀解還司庫以歸撙節合併聲明謹
奏
户部議奏

咸豐二年十一月　初八　日

再吏部候補主事胡連耀於道光二十九年正月内保送河工學習奉旨發往東河差遣委用等因欽此是年三月初六日到工旋於六月内聞訃丁母憂回籍守制當經前河臣以京員到工例應學習二年期滿甄別出考送部引見該員服闋後應否仍赴東河學習奏奉上諭顔以燠奏京員聞訃丁憂將來應否仍赴東河等語吏部候補主事胡連耀著俟服闋後仍赴東河接算到工日期補足學習二年再行甄別出考該部知道欽此欽遵在案本年五月初十日據胡連耀具報回工復經前河臣附片奏明並派赴黄運兩河催漕防汛迨霜後旋濟正委催趲重空漕船現據運河道呈報該員於十月十二日接到家信聞訃丁父憂除咨明吏部俟飭取印供各結到日繕給咨文令其回籍守制外查吏部候補主事胡連耀兩次到工學習

先後計算不足一年將來服闋後應否仍赴東
河補足二年期滿再行出考甄別抑由籍給咨
赴部候補之處理合附片奏乞
訓示祇遵謹
奏
吏部議奏

九七四

奏

河東河道總督臣慧成跪

奏為浙江幫船回空已遲若令進牐有礙運河挑
工恐誤來年重運恭摺據實具
奏仰祈
聖鑒事竊臣於十一月初八日將浙江新漕已辦海
運無須幫船受兑所有杭嘉十三幫卸空船隻
計回抵東境已值牐內估辦冬挑之候祇可於
牐外守凍緣由附片具
奏後旋准山東撫臣來咨以浙江重船聞已在直
境起剝趕催回空南下不准在境守凍應令進
牐一徑南旋請轉飭催趲等因在撫臣原因浙
江水手素性强悍聚於一處恐滋事端稽查彈

壓不易起見惟查本年辦理滯漕東省地方河工均受其累夫兩害相較則取其輕者現在節過冬至又逾旬日朔風司令河水易於凍阻浙江回空幫船凍於牐河之外僅須派員彈壓籌給水手日需飯食或可冀其不致滋事若凍於牐河之內則有二害敬為我

皇上陳之查東省運河必須一律深通方能重空漕船往來暢行無滯惟每年伏秋汛内山水節次長發匯流下注水過沙停受淤深厚是以歷於空船過竣後估辦冬挑以利次年新運而冬挑工程應先煞築汶河大壩控掣底水始克估辦該壩向遵部頒清漢告示於十一月初間堵合興挑上年因回空船遲至十一月二十二日堵合辦理已形局促現計首進回空及二進在前各幫輓過濟城須在月杪如再待浙江空船過竣後煞壩估辦勢必遲誤况一經冰凌凍結則汶壩不能堵築挑工既誤來歲重運臨境必致淺阻俟淺滯而再籌趲運之法恐無善策可以

補救此其一也浙江幫船本有隨地守凍之議
且無須該幫船受兑新漕艏内艏外停泊原無
二致若必令急急進艏一遇凍阻當此源弱流
微水淺易於凝結雖鑿冰亦難行走徒礙挑工
而派員彈壓水手日需飯食仍不能免况濟城
以南徧地哀鴻浙江水手素稱獷悍若附近災
區泊船深虞句結滋擾此其二也不如遠停於
艏外衛河俟來春挑工完竣啟壩鋪水先令進
艏南下其時豐工業經堵合漫水消退災民各
歸故土可免沿途擾累或以為刻下天氣和暖
竟可趲出東境南返不知時已隆冬一經風雪
全河立即凍合有礙挑工其事尚小阻誤來歲
重運所關甚鉅惟撫臣既有此意不得不籌變
通辦理復與運河道廳面為熟商浙江回空首
幫尚未據報入東設使十三幫能於十一月底
全數齊集臨清艏外察看天時如果和煖即飭
令一氣進艏儘力趕趲南行倘月底船齊而河
水已凍或水雖未凍而船不能齊祇可先其所

急即於十二月初一日控水煞壩挑河若令各
該幫半在牐外半在牐内仍屬兩誤此等關繫
亦須熟籌妥善以冀仰慰
宸廑除咨覆撫臣通飭所屬遵辦外再查在前抵通
應行回南受兑新漕之空船二十幫尾船於十
一月初一日輓入東境初九日全進臨清牐截
止十七日催下天井牐十二幫剋日可以全數
過濟弩先經飭令運河道親駐河干晝夜往來
實力催趲惟濟城以南仍係湖河一片汪洋行
舟全視風色逆風固無縴道可以輓拽順風過
狂又有莊基山根樹樁碑碣搕摋之虞必須西
北微風方能用船導引是以幫船一入湖坡行
走遲速竟難豫定弩現又嚴札道廳設法趕趲
務令跟艄出境不任稍有藉延合併陳明所有
浙江幫船回空已遲若令進牐有礙挑工恐誤
來年重運緣由理合據實具
奏伏乞
皇上聖鑒訓示謹

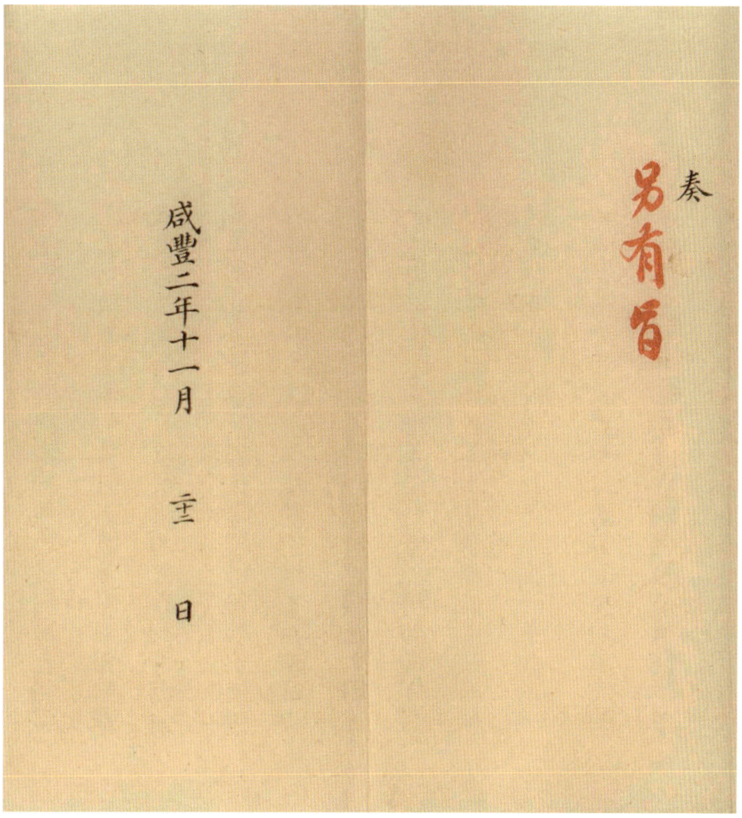

奏

另有旨

咸豐二年十一月　二十二　日

再查黃河修防錢糧向視各工之平險以別用
項之多寡原無一定固應於慎重工程之中力
求撙節之道而值水長出險安危繫於呼吸之
時亦不可稍事拘泥致滋大患總須用省得當
庶能無誤無糜本年黃河三道另案用銀總數
緣上年搶鑲險工直過霜清而用數向於霜前
截止尚有道庫墊款霜後鑲埽段經前河臣
奏明歸入本年大汛期內併案造報之工並因江
境豐工停堵黃流為微山湖清水頂托上游豫
東境內埽壩不免喫重隨時寬備料物修守得
以保護無虞用數較上年為多職此之故而較
道光二十七年計少用銀十六萬一千餘兩二
十八年計少用銀二十五萬二千餘兩節減尚
多嗣後努當再督飭道廳相機撙節仍期事事
覈實斷不任稍有虛糜以仰副
聖主慎工重帑之至意理合附片陳明謹
奏 覽

九七五

奏

河東河道總督奴才慧成跪

奏為確覈豫省黃河南北兩岸各廳咸豐二年另案搶辦甎埽工程動撥司庫銀款總數循例恭摺具奏仰祈

聖鑒事竊照豫省黃河兩岸每當伏秋大汛遇有搶辦工程向於司庫動撥銀款應用前於嘉慶十年及二十一年節經各河臣撫臣議請每年先於地丁項下提出銀三十萬兩以備搶險之需俟將次用完體察情形豫為籌計應需添撥若干會覈具

奏一面行司提取備用各等因先後奏奉

諭旨允准欽遵其道庫所墊不敷銀兩係霜後奏撥還

款歷經遵辦在案查本年黄河各路來源節次
長水尺寸伏秋汛内兩岸各廳舊險新工層見
疊出搶鑲拋護甎埽工程情形均經前河臣並
兼署河臣及弩隨時
奏明其例撥銀三十萬兩除發辦碎石外餘於春
伏二汛先行支發全完復經兼署河臣循案
奏蒙
恩准添撥銀二十五萬兩接濟應用所有南北兩岸
各廳另案搶辦甎埽各工經弩逐加勘實確切
駁減覈准應銷銀數彙案另摺奏送清單計豫
省十二廳共用銀九十五萬三千四百八十九
兩九錢六分六釐内除動用道光十七年存工
甎值銀九十二兩三錢八分二釐二十年存工
甎值銀三百三十二兩七錢六釐三十年存工
甎值銀一千二十四兩二錢六分一釐咸豐元
年存工稭值銀二萬二千五十兩又存工甎值
銀六千二百一十七兩一錢四分八釐計撥用
司庫添稭四成酌辦甎塊銀三萬二千六百九

十兩歲麻加價銀四萬九千六百八十兩又例
撥添撥防險銀除發辦備防碎石銀六萬兩另
歸石工案內造報外實歸甎埽工用銀四十九
萬兩共撥過司庫銀五十七萬二千三百七十
兩現除南北兩岸各廳用存稭料值銀二萬七
百九十兩又用存甎塊值銀九千三百八十七
兩四分六釐有料甎存工外應找撥不敷銀三
十八萬一千五百八十兩五錢一分五釐以符
奏案而清庫款謹循例會同署河南撫臣陸應
穀恭摺具奏伏乞
皇上聖鑒再查另案不敷銀兩係上冬湊辦歲儲並
本年節次搶辦要工於道庫存款內隨時墊發
應用歷年彙奏清單後即於司庫找撥還款仍
存道庫以便湊墊支發現辦歲料及來年工用
合併陳明謹
奏

工部知道

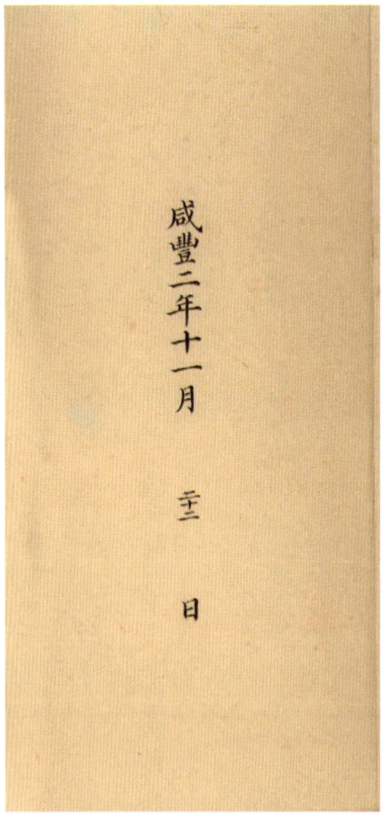

咸豐二年十一月　二十二　日

奏

二品頂帶署理四川總督河東河道總督臣李鈞跪

奏為東河用款先已搭放土工三成錢文據實陳

奏仰祈

聖鑒事竊照案准戶部咨議覆侍郎曾國藩奏貴錢

賤銀以平銀價摺內以兩河經費搭放錢文應

如何變通之處請

旨敕下該河督各就情形詳細察看妥籌熟商據實

具奏等因奉

旨依議欽此當經前河臣轉飭司道悉心妥議去後

茲據署河南布政使鄭敦謹開歸道林揚祖署

河北道龔瑞穀山東布政使劉源灝兗沂道厲

恩官署運河道方墉會詳稱查豫東黃運各廳

所領銀兩或辦理工程或採買料物其本工支發雖非全係用銀而運稭定麻燒輒開石均於數百里之外齎銀往購不能攜帶錢文其餘夫工雜項為數無多緣各廳駐劄沿河離道庫皆有百餘里及三四百里之遙即如開歸道屬之下南廳運河道屬之運河廳衙署雖在同城而辦工儲料之處亦在百數十里以外市票既不能行現錢又多運費誠如部議腳價加至二百數十倍更多窒礙難行至於藩庫之轉撥州縣之運解尤為轉折而滋繁費所有河工勢難用錢曾於道光二十六年經前司道會議詳請

奏明嗣因復奉

諭旨又於二十七年

奏請將土工搭放三成錢文原係權宜之計聲明試行一二年有無滯礙再行察看近年承修工員勉力辦理尚不致藉詞草率但恐微員因盤運現錢周折賠補難支日久致生流弊當此經費支絀之時不敢遽請停止此外河工用款歷

時未久並無今昔之殊應請仍從前議以期無
誤修防等情前來弩確加覆覈該司道等所詳
俱係實在情形事關通工大局似未便輕議更
張嗣後惟有隨時認真稽查事事覈實辦理可
省即省以冀逐漸撙節仰紓
宸廑為此恭摺陳
奏伏乞
皇上聖鑒謹
奏

戶部知道

咸豐二年十二月　十六　日

九七七

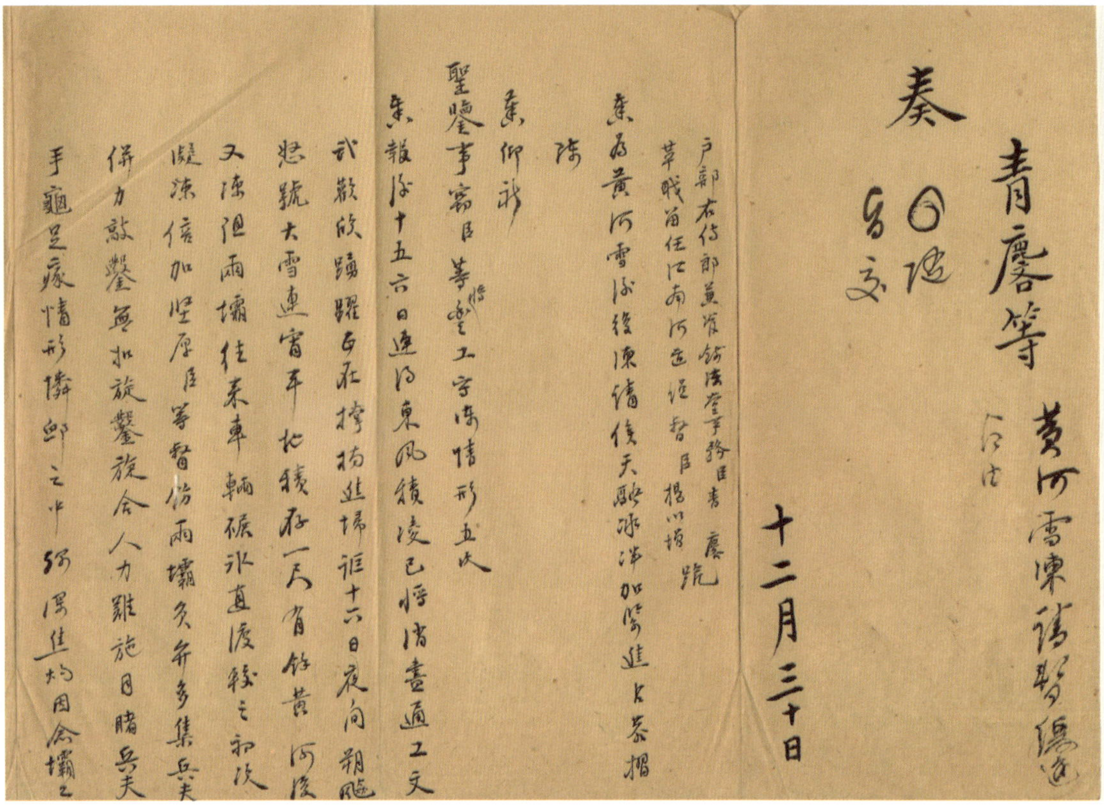

青麐等 黃河雪凍搶護情形片 十二月三十日

奏 旨 另文

戶部右侍郎兼管錢法堂事務臣青麐
革職留任江南河道總督臣楊以增 跪
奏為黃河雪後凍積復天晴冰泮加緊進占搶
陳
奏仰祈
聖鑒事。竊臣等將前工字各情形五次
具報。後十五六日連日東風積凌已將消盡，通工文
武歡欣踴躍，正在搶捐進埽，詎十六日夜間朔颸
怒號，大雪連宵，平地積存一尺有餘，黃河凌
又凍阻兩壩，往來車輛碾冰直渡，殘之初次
凝凍倍加堅厚。臣等督飭兩壩多弁多集兵夫
併力敲鑿，無如旋鑿旋合，人力難施，目睹兵夫
手龜足瘃情形，憐憫之中，深恐進占因兩壩之

守凍不免稍遲，雨水次第霑優，渥麥苗深資培
養，東省春收可期大稔，壤叟衢童咸歌
帝德，於農祇甚為有益。臣等合同休處金門，僅存
二十餘丈，兩壩各進三兩占，至多旬日即可
挂纜合龍，工程業經垂成，未敢意可欲速致有疎
虞，惟仍督飭文武員弁密挑攔淺，捲板慎守已
成埽占，務俾穩固。因節候已屆立春，陽氣漸舒，
一俟河冰融泮，即當恪遵
聖訓，加緊趕辦，以期一氣呵成，仰紓
宸廑。所有大河凌凍須候冰泮趕辦埽占緣由，謹會
同兩江總督臣陸建瀛、暨署東撫任臣查
文經恭摺由驛馳
奏，伏乞
皇上聖鑒。謹
奏。
咸豐二年十二月三十日奏
批
欽此
十二月二十五日

九七八

奏

河東河道總督奴才福濟跪

奏為豫東黃河凌汛安瀾恭摺繕報仰祈

聖鑒事竊照上冬凌汛屆期嚴飭道廳防護情形經

前河臣附片具

奏在案奴才到任後卷查各廳稟報自交冬至以來瀕河一帶雪澤屢霑風寒冰結擁注埽前極為迅利河勢兜灣之處尤易聚積均經多備打凌器具專派弁兵分投敲推俾可順流速下其臨黃卑矮埽段照案酌用存工舊料加鑲高整簽掛攩凌樁把得免剷刷茲已節逾立春漸次陽回冰泮黃河大溜循軌東行兩岸工程防護平穩普頌安瀾洵堪仰慰

聖懷至各廳承辦歲稭麻觔為桃伏秋三汛修守根
本採購不許稍遲堆垛尤應結實惟因豐工用
多爭買既虞料户居奇擡價復恐泥雪載道運
辦維艱幸十二月以後天寒地凍路可通車疊
經前河臣嚴札飭令赶購不准藉延並委在工
學習之内閣中書姚近韓禮部主事江健前赴
兩岸挨廳查催現據陸續具報於年前依限堆
齊統俟添辦防料報竣由道查驗具稟到日督
於桃汛赴工督防順道認真覆驗以重工儲再
查上冬河冰較厚嗣後春融凌水下注必旺除
仍飭令各道廳小心防守外所有凌汛安瀾緣
由理合恭摺具
奏伏乞
皇上聖鑒謹
奏

知道了

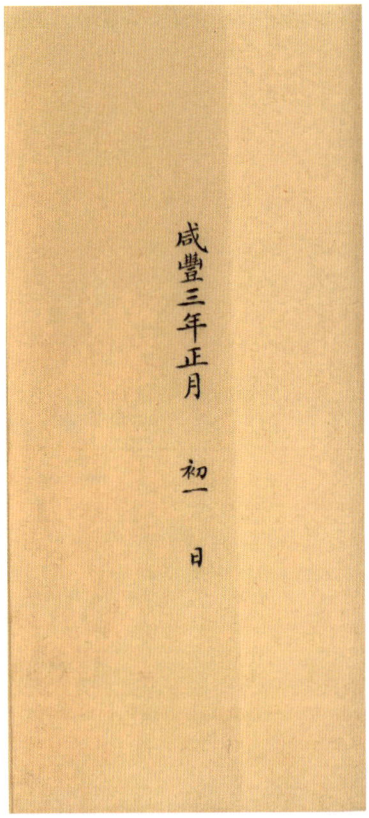

咸豐三年正月　初一　日

再孥經由直隸山東各州縣地方祥霙普被麥
苗得此滋培農田大有裨益沿途察看民情安
謐堪以附片奏慰
聖懷謹
奏
覽

九七九

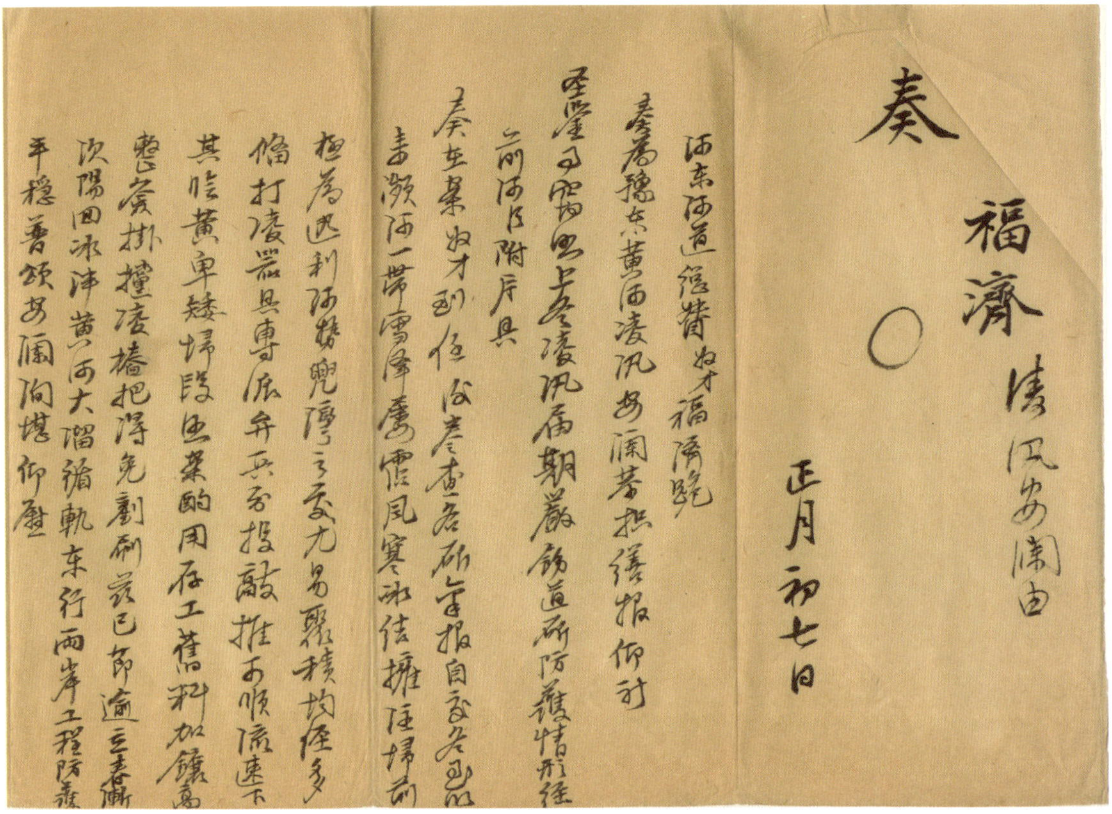

奏

福濟

〇

凌汛安瀾由

正月初七日

河東河道總督奴才福濟跪

奏爲豫東黃河凌汛安瀾恭摺具報仰祈

聖鑒事竊照上年凌汛届期嚴飭道廳防護情形經

前河臣附片具

奏在案奴才到任後叠查各廳年報自冬至以

來該河一帶雪凍風寒冰結擁阻埽前

極爲迅利河勢兜灣之處尤易壅積均經多

備打凌器具專派弁兵分投敲推下順流速下

其臨黃卑矮埽段並飭酌用存工舊料加鑲高

整嚴挑攩凌樁把得免劃刷茲已節逾立春漸

次陽回冰泮黃河大溜循軌東行兩岸工程防護

平穩普慶安瀾洵堪仰慰

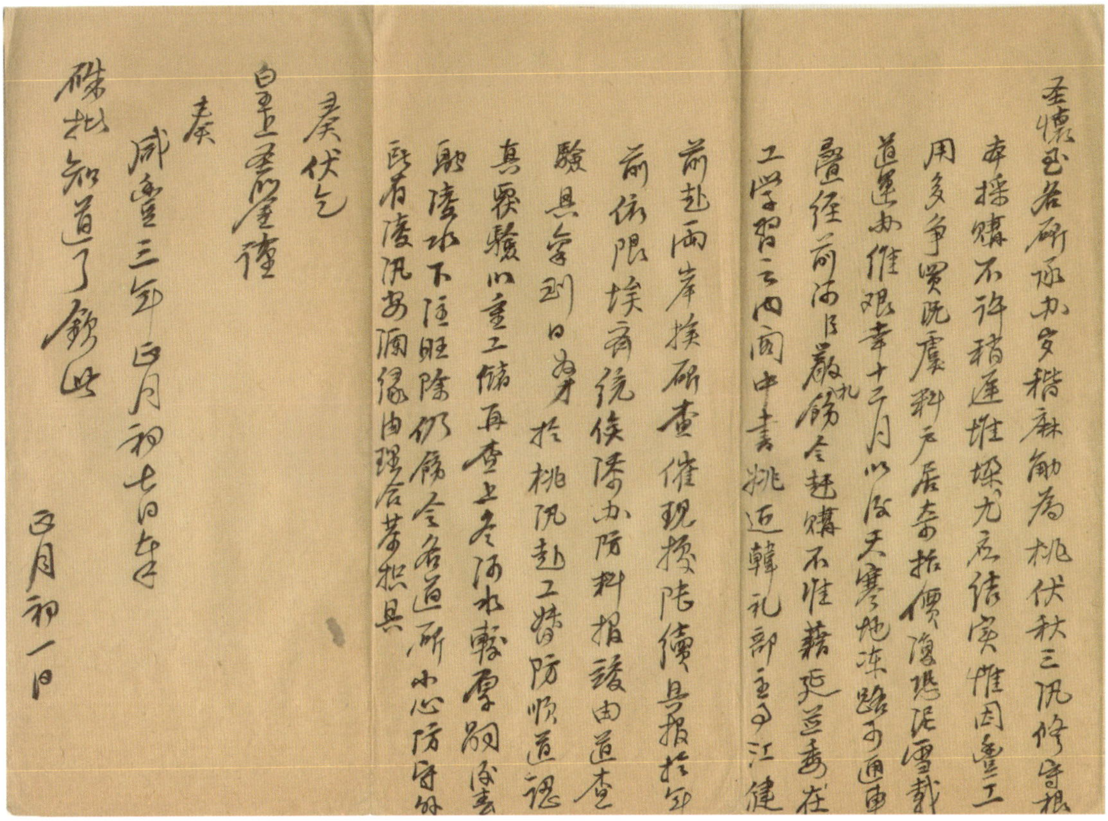

聖懷且各廳承辦另揩麻觔為桃伏秋三汛修守根
本搶險不許稍遲堆垛尤應結實惟因豐工
用多爭買既屢料戶居奇抬價復恐泥雪載
道運辦維艱本年十二月以後天寒地凍路可通車
疊經前河臣嚴札飭今趕購不准藉延並委在
工學習之內閣中書姚近韓禮部主事江健
前赴兩岸挨廳查催現據陸續具報於年
前依限挨齊統俟陸續辦防料捐護由道查
驗具實到日為再於桃汛赴工督防順道認
真覆驗以重工儲再查上冬河水較厚開凍
融凌水下漲旺除仍飭令各道廳小心防守外
所有凌汛安瀾緣由理合恭摺具
奏伏乞
皇上聖鑒謹
奏
咸豐三年正月初七日發
硃批知道了欽此
正月初一日

九八〇

奏

河東河道總督奴才福濟跪

奏為遵

旨督屬會同地方官嚴查黃河渡口以防奸匪恭摺

覆陳仰祈

聖鑒事竊奴才於正月初十日承准軍機大臣字寄咸

豐三年正月初八日奉

上諭李僡奏遵籌防堵情形遏賊北竄莫如扼守黃

河使上下游均無船隻可掠又無土匪勾引必不

能越河登陸該撫先委文武員弁前往曹單等縣

搜捕奸匪將沿河大小船隻一體編號收聚北岸

非有官票不准私渡各等語所奏均合機宜已降

旨飭令照辦矣嚴防黃河渡口不但遏賊北竄之

路並可密查奸匪惟必須江南河南等省一律設防稽察始可周密著陸建瀛楊文定楊以增陸應穀福濟分飭所屬廳營州縣並遴派委員各於黃河渡口要隘編列船號實力盤查倘有奸細溷跡即行拏訊嚴辦設遇緊急即先將渡船收至北岸分派重兵防堵賊匪自不能搶船北渡倘派委非人防守不密甚至土匪勾串縱賊渡河朕惟該督撫等是問將此由六百里各諭令知之欽此仰見

聖主籌慮周詳

訓示嚴切悚服難名伏查黃河各渡口為行旅往來要道當此楚氛未靖恐各處宵小潛滋且豫東一帶向多捻幅各匪乘機煽惑勾引均不可不豫為之防奴才先經疊札各廳營督令汛弁選派兵夫於黃河渡口會同地方文武官實力稽查在案茲復遵

旨遴派勤幹委員分赴沿河協同廳縣輪流往來防範確勘各處要隘將大小渡船編列字號分泊兩岸專派兵役防守凡有過渡之人驗明方准

放行如有形跡可疑者立即拏交地方官究辦
倘遇緊急先將各渡船收至北岸重兵固守以
肅河防奴才仍當隨時嚴密訪查并札該管各道
督飭妥辦不許始勤終怠稍涉疏虞至東河所
轄除黃運各河營專事修防外其河標中左右
城守四營共兵一千六百餘名均有操防之責
雖督催漕船押解餉鞘巡防河汛差務繁多偶
值暇時即應訓練奴才現在督飭將弁認真操演
務使技藝優嫻並經前河臣慧成及奴才率屬捐
廉添備火器製造鉛丸足資利用更可會同地
方官盤詰奸宄以期消患未萌閭閻安謐仰紓
宸廑為此恭摺覆陳伏乞
皇上聖鑒謹
奏

知道了防堵事宜不可緩
不可懈與地方官不可稍
分彼此

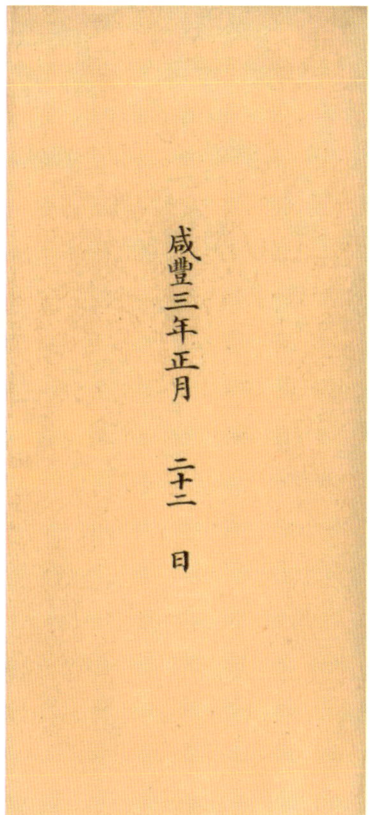

咸豐三年正月　二十二　日

九八一

奏

河東河道總督努福濟跪

奏為恭報黃河桃汛安瀾並查過豫省兩岸各廳
河勢工程繕摺具陳仰祈
聖鑒事竊照東省運河北路桃工督辦已有六分赴
期可竣桃汛屆臨應赴豫巡防緣由努於二月
二十六日具
奏後即自濟起程曹考廳境上堤由北岸西行復
於滎澤南渡順查而東計豫省十二廳業已勘
遍詳審上游黃河灘面寬廣土性沙鬆溜勢趨
向靡常工程平險莫定臨黃要工各廳皆有河
北道屬祥河下北二廳埽段最長而祥河形勢
未改溜走熟路尚易鑲修下北蘭陽汛河溜自

十三四堡卸至十七八堡圈卧不移連年險工
疊出經前河臣將大堤幇寬並添辦防料儲備
　　奴
　到工勘明情形非於新埽適下拋護磚石壩
不足以資挑禦現當撙節經費斷不准另請錢
糧已飭該廳例辦之石全數堆於十七堡如有
不敷就近由曹考廳撥添務保鞏固其開歸道
屬上南蘭儀睢甯商虞四處工段繁多正雜料
物業經購備充足各該員皆諳悉工程現督其
修守認真刻不容懈至河防機要全賴預籌編
栽柳壩估築攔溝土格固屬春間應辦而簽堤
尤爲急務蓋水溝浪窩明危易見獾洞鼠穴暗
險難防屢次嚴札廳營並由道分派委員會同
督飭汛弁兵夫實力簽查搜捕一律填墊堅實
庶上灘汛漲可恃無虞計自二月二十七日節
交清明至三月十七日桃汛已過各廳先後報
長水一二尺餘寸不等大溜順軌東趨磚石埽
壩防護平穩普頌安瀾洵堪仰慰
聖懷再兩岸料垛容俟渡河將東省曹河曹單二廳

驗竣另行彙

奏合併聲明為此恭摺具陳伏乞

皇上聖鑒謹

奏

知道了

咸豐三年三月　九　日

九八二

奏

河東河道總督努福濟跪

奏爲查驗豫東黄河各廳料垛完竣並覆勘春廂

埽段催辦土工情形恭摺具陳仰祈

聖鑒事竊照黄河修防料物以稭麻爲大宗堆垛必

須結實查驗尤應認真上秋瀕河一帶産稭原

屬中稔適逢興舉豊工强半販運出境繼而雪

多路滑價值倍昂艱於採購經前河臣嚴札復

派在工學習京員馳赴兩岸查催各廳不惜重

貲設法招徠均於年前堆齊其添辦防料

奏准展至春間購辦二月中已依限報竣努上隄

後挨廳逐廠詳細查量丈尺尚皆豊盈堆垛一

律新整麻觔樣料亦點驗無虧至磚石二項同

為拋護埽壩要需察看各廳防料改辦之石尚
不敷餘仍照歷年酌減之數於春汛防險款内
撥銀添購以裕工儲兩岸臨黄埽段朽腐卑矮
者向於春間估增高厚先據各道造冊具稟帑
臨工覆覈俱屬應修即飭加廂藉資禦漲惟司
庫例款不能依時撥發廳員力難措墊以致土
工未全興築夫土積不甚足磚石採運到工者
亦屬無多瞬將夏令水長靡常設伏前諸事躭
延所關匪細焦灼萬分當此軍需緊急又何敢
援案另行
奏撥祇有隨時咨商撫臣欽遵前奉
諭旨兼籌並計諄催藩司將上忙征收錢糧先儘河
工應撥各項支發接濟俾免貽悞一面嚴飭各
廳督催營汛員弁趕將增培長隄段落即日興
修如式辦理展限大汛前全完帑交伏上隄認
真查驗倘有遲延草率即行嚴參罰賠决不寬
貸詳勘下游因江境黄流初歸故道河勢稍有
變遷閒段塌灘近隄之處已令道廳籌防東省

黄河二廳曹河埽段較多曹下汛五堡前兩年
曾出大險諸宜慎重其餘修守事宜并經通飭
預為布置不容疎懈所有驗收各廳料垛及土
埽工程情形理合恭摺具
奏伏乞
皇上聖鑒再䅈拜摺後即回濟料理運河諸務並校
閱營伍合併陳明謹
奏

知道了

咸豐三年三月　十三　日

再東省運河北路挑工據稟截至三月初六日
止牽計已有八分餘工月内計可全竣先經批
飭運河道會同兗沂濟東二道認真驗收竣旋
濟後即當親往覆驗以昭慎重而利漕行相應
附片奏
聞伏乞
聖鑒謹
奏
知道了

九八三

奏

臣王履謙臣福濟跪

奏為會勘黄河各渡口籌辦尚屬周密現在督飭

認真稽防恭摺具陳仰祈

聖鑒事竊照遵

旨嚴防黄河渡口情形節經臣福濟具

奏在案臣王履謙奉

命前往東河會同巡查口岸跪聆

聖訓後趕緊束裝偕揀發東河刑部員外郎邵懿辰

起程二月二十二日到濟適桃汛届臨臣福濟

應赴豫驗料查工即會同周歷兩岸逐段確勘

查豫東黄河大小渡口不下數十處業經節次

嚴飭裁歸於孟津滎澤柳園蘭陽劉家董家各

大口其間地段較長民渡勢難全撤者已併成
一兩處與官渡各委員於兩厓駐守盤查將船
隻編列字號凡自南而北者訊明來歷填給官
票始准過渡交北厓委員驗票放行北來之人
一體照辦豫東兩撫臣並經派委道府大員及
備弁帶兵於渡口彈壓稽查河工廳營亦分派
弁兵協同巡防以杜奸匪掠船偷渡其商船卸
載馬頭民食攸關未便禁絕由地方州縣專委
佐襍查論日間裝貨旁晚即令停泊北岸辦理
已屬周密臣等詳察通河形勢以栁園劉家二
口最為扼要一係密通省垣南北通衢往來人
衆一係界連東省地接江皖素為土匪出没之
區且南岸盤詰重於北岸是以商定臣王履謙
駐於栁園口刑部員外郎邵懿辰駐於劉家口
仍會同臣福濟督飭地方河工文武員弁上下
巡歷嚴密查拏務期匪類絕跡抑臣等復加審
度扼守黄河誠為天險但使流常順軌其驚湍
急浪飛渡原難設有跡虞則溜勢旁趨下游徒

步可過灘寬路遠安得如許兵將碁布星羅是
本年修守黃河較往年尤為緊要臣福濟當嚴
督道廳悉心籌備竭力周防臣王履謙偕同邵
懿辰分駐河干耳目切近詳慎稽覈均不敢稍
有怠忽以冀仰慰
宸廑為此恭摺會陳伏乞
皇上聖鑒謹
奏

知道了惟密稽查如有不
肖官吏疲玩性成不嚴拏
奸細即行參奏

咸豐三年三月　十三　日

再豫東黄河各渡口經地方河工多派委員駐
守巡查民情尚屬安謐臣王履謙自都至豫沿
途察看雨澤應時二麥青蔥芃茂收成可卜豐
稔堪以附片奏慰
聖懷謹
奏

覽

九八四

奏

代理陝甘總督事務甘肅布政使臣易棠
西寧辦事大臣副都統銜臣吳必淳跪

奏為黃河防卡官兵一年期滿循例更換以均勞
逸而符定章緣由恭摺具
奏仰祈
聖鑒事竊查西寧口外黃河迤南循化貴德兩屬野
番頻經偷渡行搶曾經
奏明於每歲冬間派撥西寧河州二鎮官兵四百
名併於察漢托洛亥等防城抽撥兵六百名共
計一千名交駐防副將分佈沿河扼要各渡口
駐劄巡防歷經照辦在案茲查咸豐元年冬季
派往口外防河官兵業已防守一年期滿應照
舊更換以均勞逸當飭西寧河州二鎮挑派精

壯官兵四百名察漢托洛亥駐防副將抽撥防
兵六百名遴派守備千把等官二十二員撥給
膘壯馬匹配執鋒利器械管帶前往已於上年
十二月內齊抵河干分佈扼要各渡口巡守防
範並責令該管駐防副將隨時親往稽查加意
嚴防期保無虞舊駐官兵撤歸原營操防外所
有防河官兵一年期滿循例更換緣由謹合詞
恭摺奏
聞伏乞
皇上聖鑒再查此項防河官兵現經督臣舒興阿因
籌議沿邊事宜查明虛糜無益擬請全數裁撤
酌復遊巡舊章以節經費各緣由另議具
奏如蒙
允准欽遵辦理外合併聲明謹
奏

知道了

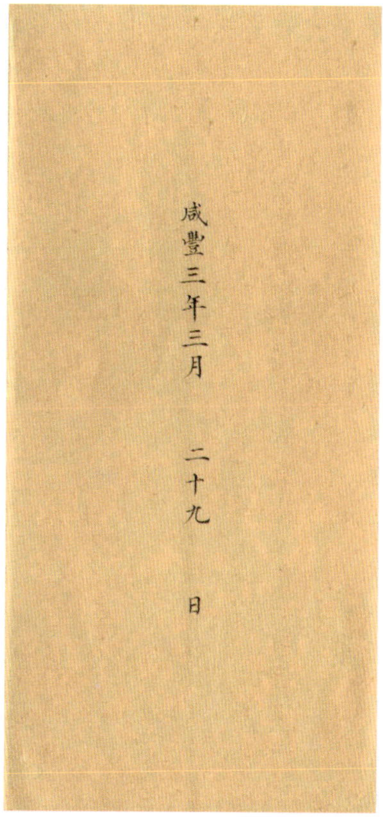
咸豐三年三月　二十九　日

九八五

奏

山東巡撫臣李僡跪

奏為遵

旨體察情形恭摺覆

奏仰祈

聖鑒事竊承准軍機大臣字寄咸豐三年三月二十

三日奉

上諭前以山東省與江南接壤疊經降旨令扼要設防並據李僡節次將布置情形先後陳奏茲據給事中毛鴻賓奏黃河渡口船隻現雖停泊北岸猶慮其縛木為筏或勾結奸民暗備船隻為之接應宜於黃河兩岸以重兵扼守使賊不得北渡請飭周天爵統帶兵勇迅赴淮徐一帶與楊殿邦楊以

增等互為聲援並請撤回調往安徽兵六千餘名由李僡分營防堵郯城穆陵關更為扼要宜認真設防等語著李僡按照片内所陳悉心體察如有可採即妥籌辦理現在督辦團練五品頂帶前任漕運總督李湘棻告病在籍前任臺灣鎮總兵呂恒安並著該撫察看如幫辦河防可期得力即奏明調赴防所可也原片二件著鈔給閱看將此由四百里諭令知之欽此遵

旨寄信前來伏思南北要區莫重黄河防守故凡渡口之歸併船隻之編號與夫分派員弁盤詰往來至晚盡收北岸者誠恐逆匪勾結奸民或有潛為接應不得不嚴為之防迨東省布置後臣不敢稍分畛域節經飛咨東南兩河臣並河南撫臣及徑札河南沿河各府江南淮徐道府州縣務各一律照辦去後嗣准各督撫臣咨覆同淮徐道府縣稟報均於南北兩岸派撥文武官員帶同兵役分別巡防在案今該給事中毛鴻賓所奏慮其縛木為筏則南岸無船之説似亦

齊集分布以後臣當親赴王家營一帶查看南
北兩岸情形務使節節謹嚴不任稍留罅隙外
所有該給事中祇須會同各紳士認真團練諄
勸捐輸勿招匪類以滋事端勿稍抑勒以致驚
擾則不失鄉里之望即仰報
委任之
恩若其揣度賊情調度兵事尚非切中肯綮所奏應
毋庸議為此恭摺覆
奏伏乞
皇上聖鑒謹
奏
另有旨
咸豐三年四月　初七　日

九八六

奏

署理河東河道總督奴才長臻跪

奏為賊氛已抵河南歸德有徑撲北岸之信東省

兵單情形喫重請截留官兵堵勦恭摺具

奏仰祈

聖鑒事竊照南中賊匪分竄皖省切近豫東均應防

堵緣由前經附片具陳在案五月初九日先據

曹河廳曹縣會稟及巡查渡口在工學習刑部

員外郎邵懿辰呈報該逆由安徽亳州已抵歸

德府城於初七日失守距曹縣劉家口僅四十

里誠恐北渡已將各口渡船拘集北岸卸去舵

桅禁止渡河請調兵防堵等情當即飛咨山東

撫臣照會曹州兗州二鎮分調重兵前往並嚴

飭道廳營委員弁實力防守去後旋於十一二日疊接兗州糧台司道會禀轉據曹州府菏澤縣鉅野縣馳報賊匪已有搶船撲過北岸之勢劉家口距曹縣六十里距鉅野一百二十里處處兵單請速調弁兵前往堵剿等語奴才聞之不勝憤懣查該匪句結滋擾趨向靡定東省為直隸之屏障濟城又為省垣之藩籬距曹縣僅二百數十里設稍有疎虞所關匪細但本省各處弁兵節次征調空虛即河標額兵除調赴江北防剿之外其餘分派四鄉水陸衛備及在城防守尚不足以資差遣該州縣雖各團練鄉勇為數無多未能攩豕突狼奔之衆必須移緩就急趕截官兵堵禦以冀保全北省大局已據兗州糧台司道禀明將已到滋陽縣之大同官兵五百名咨交曹州鎮臣帶赴曹單沿河防堵現在

欽差大臣尚書恩華統帶

盛京吉林黑龍江官兵由德州坐船改走水路陸續抵濟應請暫行截留二千名於西南一帶分

布要隘迎頭勦擊洵於東直兩省均有裨益俟
此股賊匪蕩平後再令該兵前赴江北除咨明
欽差大臣外奴才惟有竭盡心力布置嚴防斷不敢稍
任忽略為此恭摺具奏伏乞
皇上聖鑒訓示再應留官兵堵勦防禦先已飛咨山
東撫臣會奏因軍情緊急撫臣遠駐江省宿遷
恐有耽延是以奴才復專摺具陳合併聲明謹
奏
另有旨
咸豐三年五月　十三　日

再據河南陝州呈報萬錦灘黄河於五月初五日午時陡長水三尺五寸下注各廳先後報長一二尺餘寸不等旋即見消兩岸工程修守平穩庚伏瞬交來源正旺河水續漲靡常查歷年防汛章程最為妥善業已通飭道廳遵行等惟當督令勤慎巡防實力保守斷不任稍有懈忽理合附片奏

聞謹

奏

知道了

兵部侍郎銜臣周天爵跪
奏為逆匪豕突連破蒙亳至於歸德現奔預省黃河
之劉家口我兵裹糧窮追皆失在後亟應請
旨嚴
飭山東江南迅調重兵固守黃河南北恭摺由驛馳
奏事竊臣於五月初五日自懷遠起程統帶兵勇追
賊至蒙亳境業經專摺奏明在案緣中途遇雨
泥濘難行當令鑼鍋帳房一切輜重裹糧疾趨探
知賊已由蒙亳至歸德臣又恐追赶不及復令兵勇
在後隨行自帶親丁五十名先行探追於十一日馳
抵永城據該縣王樹漢稟稱初七日河南撫臣陸應
穀帶陝甘兵三千餘名於歸德城南之宋家集迎賊接

伏營盤全失賊遂由歸德北門入城焚殺現又北奔
黃河南岸之劉家口等語臣查劉家口為渡黃要道
西北通曹單東北通濟甯賊若由此北竄
畿輔勢必震動抑或順流東竄直取徐州糧台下至清江
揚帆可到不獨截我兵援路並恐與捻賊接應其
勢更不可制為今之計臣惟刻期量撥兵勇決計拚死
直取黃河南岸截賊東趨之路亟應請
旨飭下部臣奕經迅赴徐州保護糧台堵其歸路並臣
李德折回曹兗遏賊北竄托明阿善祿等帶兵現駐
歸德迤東之會亭臣已飛咨就近速赴劉家口追剿臣
查逆匪自竄擾臨淮以來並無輜重到處掠食所擄
騾馬數千隻騎駝飛奔日行百餘里臣已窮追十
餘日並未望見賊蹤今又竄擾黃河水陸更任所之
臣單兵疲於迂道萬分焦急非請前路迎堵勢難
追及痛剿謹由六百里加緊馳報伏乞
皇上聖明洞鑒
訓示施行謹
奏
咸豐三年五月十五日奉
硃批已有旨汝能追賊至河南甚好奕經已飭令帶兵剿賊
此時若令保守徐州糧台尚可行欽此

九八八

河南巡撫臣陸應穀跪
奏為賊已逼近省城萬分緊急懇請
迅調大臣救援並防黃河北岸恭摺由驛具
奏仰祈
聖鑒事竊照歸德失守並帶兵馳赴省城援應各情經臣具
奏在案臣於拜摺後沿途調撥官兵並籌畫糧餉軍火等
項一面飛飭查探本月十三日據探弁報稱賊之前鋒
約[illegible]千餘人已由陳留赴省臣聞信之下焦灼萬分緣
臣原帶兵勇三千有餘歸德失守之後各兵潰散不少
連日收集各營兵丁僅數百名而軍火器械半多不堪
應用現調永城防兵屢催尚未趕到洛調南鎮之兵亦

未到營臣隨身所帶兵勇止百餘名寔不足以資攻剿
至省城防兵通計駐防暨撫標城守三營不過二千餘
名鄉勇二千餘名城大兵單萬難支持且賊已據劉家
口又佔睢州壩勢將渡河北岸情形尤為喫重臣趕緊
催提各兵飛速馳赴省城西北一帶扼要剿截惟賊衆
數萬臣現無一旅之師而又乏可靠之將束手無策祇
有竭盡心力以期補救所有懇
敕調慧成暨各路援兵仰祈
迅賜飛催來豫庶省垣可保無虞而河北亦有防備矣臣不
勝惶悚待
命之至為此由驛六百里加緊具
奏伏乞
皇上聖鑒謹
奏
咸豐三年五月十七日奉
硃批即有旨欽此

九八九

奏

署理河東河道總督奴才長臻跪

奏爲恭摺覆

奏賊匪並未過河詳查黄河北岸現在情形仰祈

聖鑒事竊奴才於五月十八日承准軍機大臣字寄咸

豐三年五月十六日奉

上諭前據恩華奏逆匪於曹河上游擄船偷渡疊經

李僡加意巡防矣兹據王履謙奏巡查黄河情形

等語黄河上下游各渡口早經李僡暨前河督福

濟等防範何以賊匪一到仍得搶船渡河據王履

謙奏稱山東劉家口係邵懿辰駐紥之地當逆匪

撲來自必飭令地方官將船隻收歸北岸何以忽

有偷渡之事著長臻查明情節將疎防渡口之文

武員弁一併忝處現在李德已調兵前往恩華亦
帶兵迎勦著該河督酌量情形有可派兵協勦之
處即行派員帶兵前往以爲聲援仍著王履謙等
分飭地方文武嚴防黄河渡口毋令賊匪踵至自
干咎戾將此由六百里諭知王履謙長臻並傳諭
邵懿辰知之欽此當即轉咨並傳知邵懿辰一體
欽遵伏查據報河南歸德府城失守賊竄曹縣
劉家口有搶船北渡之勢東省喫重請截留官
兵堵勦情形業於五月十三日具
奏後即飭大同兵五百名星夜馳赴曹單沿河一
帶協同曹州鎮臣堵禦並因該匪詭計百出往
往聲東擊西上游蘭儀柳園滎澤孟津各口處
處可以過河復飛劄各道廳及沿河州縣將渡
船全數收集北岸相機分别鑿沈燒燬暫行止
渡嚴禁商民船隻行走以杜窺伺各自團練鄉
勇分布河干巡防河營弁兵雖不諳技藝亦擇
其少壯有膽者駐守河口以壯聲威不准片刻
懈怠旋據曹河廳曹縣會稟賊匪於初八日擁

至劉家口搶渡幸先一日邵懿辰得歸德失守
之信飛速過河趕將渡船拘集北岸立即燒燬
以絕賊望該匪無計可施瞭望均已西竄等情
是文武員弁力守渡口堵禦尚為認真並未疎
防應請免其查參仍飭各渡口實力防範如有
鬆懈隨時嚴參懲辦斷不敢稍事姑容現在賊
匪既由南岸西竄是否直撲汴梁省城抑於沿
河滋擾因止渡難得確信而北岸為直東兩省
藩籬設防必須嚴密撫臣李僡業經親帶官兵
前赴曹縣劉家口及曹州府等處防堵又有
欽差大臣恩華統帶吉林黑龍江官兵相機迎勦東
境布置極為周備惟豫省渡口各處無兵河標
額兵除調赴江北外餘存者僅能防守濟城及
四鄉要隘未便再行遠調因卷查大名鎮駐紮
長垣原備協防河口等已照會該鎮帶兵馳赴
蘭儀口堵禦並咨直隸督臣添兵應援迤上柳
園滎澤各口雖有河北鎮控扼尚恐兵單河南
撫臣陸應穀僅能於南岸籌勦未克兼顧北岸

昨經奴才面商山東撫臣李僡俟各路官兵陸續
到東擬不分畛域酌調數百名派赴黄河北岸
上游協同守禦以昭慎重奴才識庸愚未諳軍
務苟心力所能及自當殫思竭慮督屬認真辦
理以冀保衛無虞稍紓
宵旰為此恭摺覆
奏伏乞
皇上聖鑒訓示謹
奏
知道了
咸豐三年五月　二十　日

九九〇

奏

奴才慧成奴才福濟跪

奏為奏

聞事竊奴才等於本月十八日亥刻承准軍機大臣字

寄咸豐三年五月十四日奉

上諭以逆匪於曹河上游搶船撲過北岸命奴才慧成

酌帶官兵折回黃河北岸探明賊蹤迎擊其灣

頭酌留兵弁即交奴才福濟統帶防勦等因欽此

伏思逆匪險詐兇頑膽敢撲過黃河直隸山東

均應戒嚴關係實為重大亟宜速集兵力翦滅

醜類以安

畿輔奴才慧成即酌帶官兵一千九百五十名趕緊

馳往會同恩華李僡協力堵勦其揚城東面所

留兵勇即由奴才福濟統帶凡攻擊揚城一切機
宜自應事事留心隨同琦善竭力辦理迅圖克
復以期仰慰
聖懷為此合詞由驛六百里馳陳伏乞
皇上聖鑒再奴才慧成於拜摺後即帶兵啟程合併陳
明謹
奏

知道了

咸豐三年五月　二十三　日

再奴才慧成帶兵一千九百五十名前由黄河北
岸迎頭截擊逆匪惟存營船隻不敷尚須遠向
清江浦調用船到後溯流北上縴挽維艱奴才惟
有親督弁兵星夜兼程前進速抵東境相機截
勦以冀仰慰
聖懷為此附片具陳伏乞
聖鑒謹
奏

知道了

九九一

奏

河南巡撫革職留任臣陸應穀跪

奏為探聞賊匪偷渡黄河北岸派兵追勦並請

敕下直隸山西山東防堵情形恭摺由驛馳

奏仰祈

聖鑒事竊照河南省城解圍賊匪竄入汜水官兵分

路堵截緣由經臣於本月二十四日具

奏在案茲據祥符縣接據登封縣探報賊於二十

一日由汜水縣小口先令數百人騎皮水羊過

河搶取北岸船隻全股渡河等情查汜水對岸

係懷慶府屬温縣西向則由河内竄入山西澤

州道路最近北至彰德東至衛輝俱與直隸山

東接壤路路皆通此時豫省官兵追趕不及臣

當飛函知會托明阿善禄等迅將所帶之兵趕
赴滎澤渡河儘力追剿並令經文岱柏山探明
賊匪如果全數北渡亦即跟追前進相應請
旨迅飭直隸山西山東督撫諸臣各派重兵嚴密堵
剿俾免竄越所有逆賊偷渡黄河北岸請派兵
堵截緣由理合恭摺由驛六百里加緊具
奏伏乞
皇上聖鑒謹
奏

已有旨

咸豐三年五月　二十六　日

再正在封摺拜發間接准經文岱柏山面稱探得逆賊已過汜水竄擾鞏縣等情臣查前據探報賊由汜水渡河北走當因黃河各渡船隻俱經提歸北岸勢難飛渡所稱賊乘皮水羊過河搶船北渡之語本屬未敢深信惟因河北地方壤接直隸等省最關緊要既有探報不敢壅於

上聞是以即行繕摺陳

奏並先咨會直隸山西山東派兵堵截令該逆已由汜水竄入鞏縣則虎牢關老犍坡挑斷路徑已被墊平勢必趨向洛陽而窺秦晉密縣一路自可無須防截惟又據開封府探報賊在鞏縣趙莊等處搶獲船隻紛紛駛行恐其北竄懷慶衛輝抑或順流而下均未可定賊情詭譎異常必須預為防範豫省河北三府兵力過單雖經屢飭該文武等調派兵勇嚴防深恐力薄未能抵禦現在經文岱奏

旨署理河北鎮總兵臣已咨會令在所帶兵內挑取一千名迅速馳赴懷慶衛輝擇要紮營防守以

遏賊匪北竄柏山所帶官兵二千餘名即令取道鄭州並飛咨托明阿善禄等探明賊蹤趨向統兵進剿至所調派防永城之河北鎮兵並寧夏馬隊一千七百餘名此時尚未趕到除再行嚴催外臣現將省城防守事宜趕緊布置完竣酌帶兵勇四五百名即日馳赴鄭州會同柏山相機追剿以期殲滅妖氛仰慰

宸懷所有辦理緣由理合附片具

奏仰乞

聖鑒謹

奏

另有旨

九九二

奏

河東河道總督奴才長臻跪

奏為大汛瞬交黃河水長工繁應即赴豫督防並
嚴查各渡口以杜賊匪北竄恭摺具陳仰祈
聖鑒事竊照賊未過河詳查北岸防守情形業於五
月二十日具
奏後因黃河節次長水尚未暢消各廳埽工閒多
蟄鑲大汛瞬交修守倍關緊要應即赴工督飭
巡防正在布置啟程間二十二三四日三奉
廷寄
諭旨賊匪攻撲汴梁業已逼近河干必當嚴密巡防
河標存兵仍當設法抽撥著該河督該撫等體察
機宜應如何就近籌調兵勇設防之處隨時知照

妥辦尤當扼守黃河各渡口勿令賊匪偷越東省
曹單河岸僅二百餘里餘皆直隸江南河南三省
所轄各飭沿河文武員弁實力防守如有巡防不
力致令賊船乘間搶渡朕惟該督等是問等因欽
此仰見
聖謨廣遠
訓示周詳莫名悚服伏查
欽差大臣恩華遵
旨統帶吉林黑龍江官兵前赴汴梁應援濟城兗州
等處兵單業經面商撫臣李僡調撥登州鎮兵
一千名設防努現已催令星夜前來以安民心
其河標存兵祇能防守本城及四鄉要隘未便
遠調並分兵嚴防黃河北岸各渡口禁止渡河
前摺均已陳明在案現在劉家口曹單一帶情
形較輕並經撫臣李僡帶兵前往努到工後當
將原派劉口之大同兵五百名撤赴柳園滎澤
等口防堵復又移咨直隸督臣不分畛域添兵
飭令大名鎮帶赴河干協同豫省兵勇分布要

隘往來周巡務期處處有備力杜賊匪窺伺而
保北省全局斷不敢稍有疎忽惟黄河修防料
物向係隨用隨購夫工防險等項亦於汛前發
銀易錢存儲開歸河北兩道庫存銀早經支完
無款核給省城仍在戒嚴司庫應撥河工之項
未能兼顧庚伏即交水長工繁設無錢糧接濟
致有貽誤關係匪細奴才不勝焦急之至拜摺後
即趕緊啟程容俟抵豫與各該道面商並察看
汴梁情形應如何籌辦另行
奏請
訓示祗遵所有赴豫防汛及嚴查黄河渡口緣由理
合恭摺具陳伏乞
皇上聖鑒謹
奏

另有旨

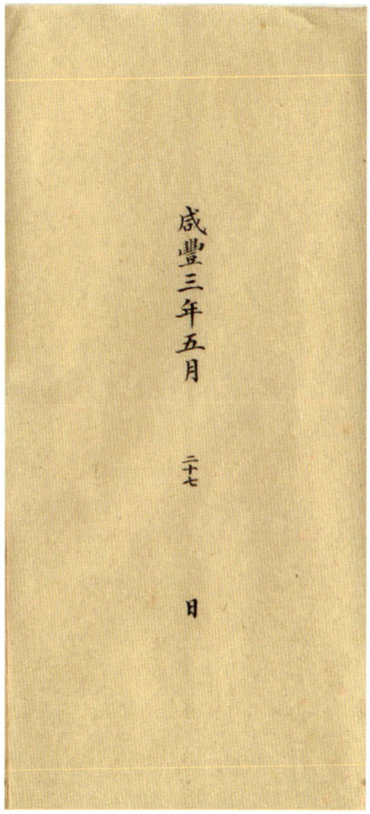
咸豐三年五月二十七日

臣周天爵臣奕經跪

奏為徐州瀕臨黄河西通汴省水路南接江寧驛站謹遵

諭旨酌量緩急馳回徐郡沿隄扼要設防遏賊北竄東趨恭

摺由驛會

奏仰祈

聖鑒事竊臣奕經前接

欽差大臣琦善咨帶兵赴臨鳳淮徐一帶扼要堵剿等語臣

奕經當日清江拜摺啓行並遵

旨將高堰蔣壩盱眙一帶逐段布置防其竄越清江之路比

抵盱眙據探賊匪已由懷遠竄入亳州臨鳳已無匪蹤誠

恐尾追行折緩不濟急遂由高堰取道桃源催兵前進

聞於五月十二日途次接奉
上諭現據周天爵奏稱已咨托明阿改由黄河南岸迅赴永
城奕經迅赴徐邳一帶遏截南來之路著該侍郎將軍等
即於周天爵隨時知照扼要堵截務期合力殲除勿任竄
逸等因欽此欽遵統帶密雲兵四百餘名馳驛前往臣周
天爵於十五日由永城馳抵碭山該處無險可扼只得
暫駐河濵堵截順流東竄計惟專守徐州中路就近與
臣奕經等會商防剿事宜專摺奏明在案旋於十六日
接奉
上諭本日據沈兆澐等奏河南歸德府城於本月初十日失
守賊分兩股一趨劉家口一趨汴梁陸應穀現帶兵在亳
柘（杞）城一帶剿賊托明阿奕經善祿之兵均諭令迅赴豫省
追剿周天爵此時諒已行抵亳州若跟蹤追剿直入豫境
又恐潁鳳（亳）宿等處土匪勾結江面賊匪來闖北竄該侍郎
揆宜酌量緩急扼要截擊內飭徐州糧台外遏賊匪來路
掃除土匪保衛僥疆如侵豫之賊沿河下竄亦可就近截
剿並無誤事機等因欽此欽遵臣周天爵即於十七日由
碭山折回徐州十九日臣奕經亦遵
旨馳到會勘徐州一帶瀕河形勢自汴梁以下詳加查訪兩
岸寬闊竟（無）盤可扼之處惟有徐城上游南岸十八里屯
毘連天然閘王家閘對岸兩山夾流河身略窄臣等帶
領鎮臣百勝道臣王夢齡與府廳營縣各員公同相度

札查於南岸十八里屯減水閘與北岸蘇家山磯斜對
札營又預備袈砲大船三十隻卓船一百隻分貼兩岸
灣泊埋伏一遇賊船東駛即督飭水陸三路兵勇迎頭截擊
諭如
聖諭如擾豫之賊沿河下竄亦可就近截剿無誤事机也惟
徐州驛站南接江寧浦口現在沿江賊船上竄終繹不
絕若有登岸續來更難抵禦臣等再四籌畫惟十八里
屯閘下通洪澤湖路經宿州迤北之符離濉河股河分
流其間大雨時行一片汪洋僅有山路一道可通以十
兵守之則南來之賊可以截擊臣等尚飭河員即將此
閘啟放則南路庶保無虞惟符離迤南二十里之宿州
係赴汴梁驛站設賊前此不由者以迂道蒙亳然此四
路亦應重防臣等仍須察看賊情緩急如汴兵得手黄
河上下無虞自必以宿州為重倘賊復南竄臣等自應
分兵痛剿土匪一赴銅邳此時佈置自當以徐州為要
今竊為全局計之徐州為中路合計兵勇不過數千而
豫省為西路撫臣陸穀應所截留之兵與托明阿著林
赴援及勝保黑龍江追剿之兵統計萬餘名已足敷用
即再行臣奕經所帶之兵四百餘名追入豫省無濟益
不如留徐扼要會截尚可得力臣等為酌量緩急扼要
防賊起見是否有當伏乞
皇上聖鑒

訓示施行謹

奏

咸豐三年五月二十七日奉

硃批　欽此

九九四

河南巡撫革職留任臣陸應谷跪

奏爲探聞賊匪偷渡黄河北岸派兵追剿並請

敕下直隸山西山東防堵情形恭摺由馹馳

奏仰祈

聖鑒事竊照河南省城解圍賊匪竄入汜水官兵分路堵截

緣由經臣於本月二十四日具

奏在案亦准撫標祥符縣接准登封縣探報賊于二十一日由

汜水縣小口先令數百人騎皮水羊過河搶取北岸船

隻全股渡河等情查汜水對岸係懷慶府属温縣西向

則由河内竄入山西澤州道路最近北至彰德東至衛

輝俱與直隸山東接壤路路皆通此時豫省官兵追趕

不及臣當飛函知會托明阿善祿等迅將所帶之兵赶
赴滎澤渡河併力追剿並令經文岱柏山探明賊匪如
果全數北渡亦即跟追前進相應請
旨迅飭直隸山西山東督撫諸臣各派重兵嚴密堵剿俾免
竄越所有逆賊偷渡黄河北岸請派兵堵截緣由理合
恭摺由驛六百里加緊具
奏伏乞
皇上聖鑒謹
奏
咸豐三年六月初二日奉
硃批即有旨欽此

九九五

二品頂帶署理四川總督奴才慧成跪

奏為奏

聞事竊奴才於五月二十三日在灣頭恭报啟行折回黃河北岸一摺在案嗣於二十六日在高郵舟次承准軍機

大臣字寄咸豐三年五月二十日奉

上諭令奴才仍遵前旨由黃河北岸逕赴山東與李德嚴防河口等處如東省情形較緩即帶兵赴豫應援等因欽此欽遵仰見

聖慮周詳且隱

示以不肯遠制俾奴才等得以相機辦事欽佩之餘彌深感奮查逆匪詭譎百出奴才在揚州時深悉其伎倆其声

東擊西有意使我疲於應接且往返徵調不能不借資
民力民力既竭而輸不已善良者委於溝壑而桀黠
者勢必變而為盜賊勢愈衆而我力愈乏近來傳聞該
逆奸細四布現在直隸山東難保必無土匪暗中勾結
斷不可因一時情形稍緩略涉鬆勁何也蓋
畿輔重地應飭各省防範加倍嚴密方足以昭慎重復查
逆匪自趨東南以後專以財色為事已失衆心分股竄
擾將來必各不相顧而各有所圖至各有所圖則西南
奔突之賊焉知不陽撲汴城陰伺川陝倚賴襟山帶河
之勢以自固是形勝之區尤不容被賊竄入以貽無窮
之患況金陵民食仰給於川米者居多以勢以利而論

則川省尤為逆匪垂涎之境應請
嚴飭川陝各督撫獎勵士卒撫循百姓靜鎮以待之然此大
患未形尚易為力又如揚州城特屢見賊匪出城毫
無長技以勁旅薄之未有不立即奔潰者特該逆不嫻
於野戰而善於守城折居民之屋取其梁柱以為滾木
熔市肆之鐵鍋以為鉛丸且以重法驅馴良之民登城
挖濠釘樁以禦我衆晝夜環守城垛防我攻擊至鳴鼓
鳴祈之役每用婦人贅者搜括金銀美女米糧以遂其
貪淫之性逆匪情形如此川陝設有疏虞據險而守其
難圖更倍於東南然則目下除直隸山東豫省最關緊
要外其惟川陝矣夫籌天下全局者不忘因賊匪猝至

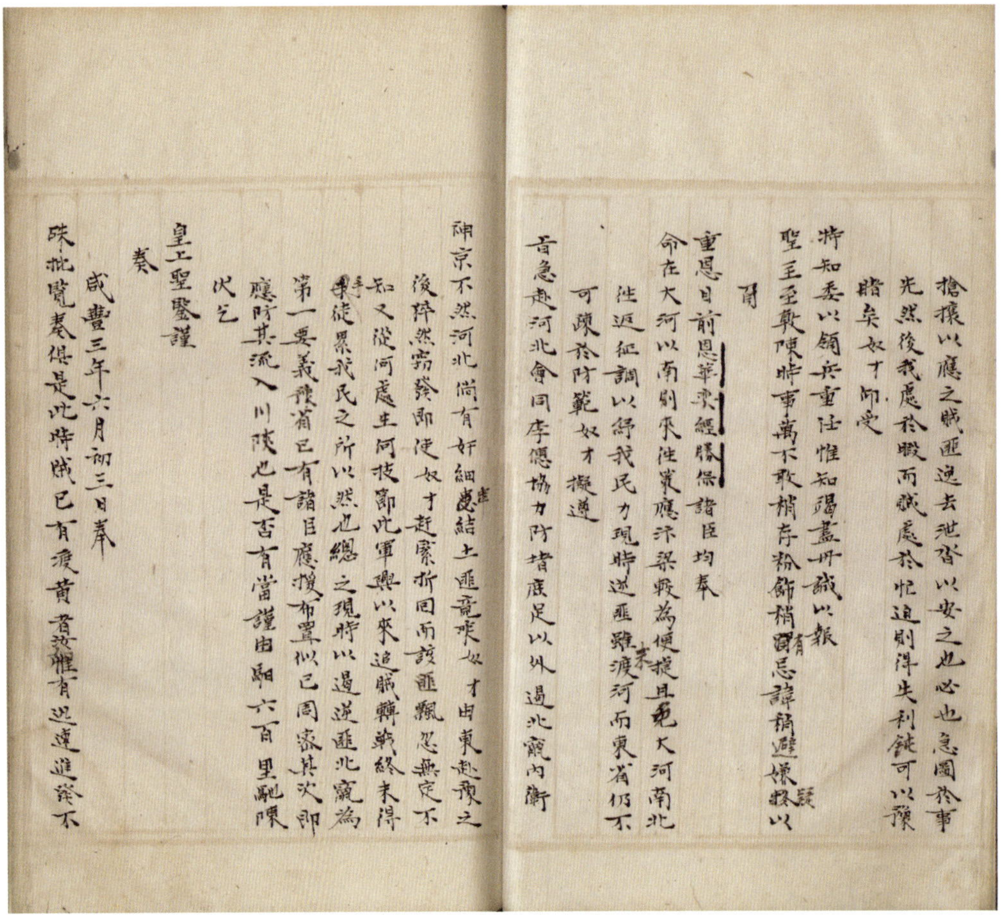

搶擄以飽之賊匪逸去泄沓以安之也必也急圖於事先然後我處於暇而賊處於忙迫則得失利鈍可以豫睹矣奴才仰受

特知委以領兵重任惟知竭盡忱誠以報

聖主至敷陳時事萬不敢稍存粉飾稍有忌諱稍避嫌疑以

聞

重恩目前恩華奕經勝保諸臣均奉

命在大河以南剿來注東應汴梁較為便捷且免大河南北往返征調以紆我民力現時逆匪雖未渡河而東省仍不可疎於防範奴才擬請

旨急赴河北會同李僡協力防堵庶足以外遏北竄內衛

神京不然河北尚有奸細勾結土匪竟來奴才由東赴豫之後猝然竊發即使奴才趕緊折回而該匪飄忽無定不知又從何處生何技節此軍興以來追賊轉戰終未得手徒累我民之所以然也總之現時以遏逆匪北竄為第一要義豫省已有諸臣應援布置似已周密其次即應防其流入川陝也是否有當謹由驛六百里馳陳伏乞

皇上聖鑒謹

奏

咸豐三年六月初三日奉

硃批覽奏俱是此時賊已有渡黃者汝惟有迅速進發不

可片刻遲延欽此

九九六

河南學政臣張之萬跪

奏爲賊匪由鞏縣偷渡黄河據實直陳仰乞

聖鑒事竊臣自五月十九日拜摺後辦理陝州考試

未得賊匪確情兹於六月初二日接准署河南

府知府李潔洛陽縣知縣舒亨熙偃師縣知縣

張晋協同稟稱探得賊匪約有萬餘長髮者不

過數百人餘皆緣途裹脅自五月初七日蹈歸

德後由睢州杞縣十二日直逼汴省是晚雷雨

風雹大作將賊營火藥打壞十三日早圍城賊

鎗礮無多又無火藥城内兵止千名惟民壯李

金廣等最爲得力招集鄉勇回民六千餘名由

城上縋下五六十名與賊接仗殺賊百餘人賊

不敢前進壯勇未傷一人當即上城開礮轟斃

賊匪一千餘人賊大潰竄至朱仙鎮扎營賊因

無糧潛入中牟鄭州一帶大肆搶掠十七日至

滎陽十八日至汜水此地雖有險要可守無如

兵餉全無以致二十日由虎牢竄入鞏縣文武

逃散即時失守該處民多强悍賊因搶而被殺

者亦復不少且因山路崎嶇其被脅之人多有伏匿山溝而逃者其黑石關一帶經偃師縣嚴守以是賊勢頗孤其時洛陽縣暨偃師縣聲稱西兵數萬指日可到賊聞風而懼遂於二十三日在鞏縣寨搶黃河船北渡近聞溫縣武陟修武一帶紛紛告急其由安徽追賊之兵或駐歸德或到汴者均不能救應河北撫臣陸應穀仍駐許州亦不能為河北聲援現時洛陽鄉團萬餘似可斷其西竄之路惟河北空虛深為可慮合無仰乞

皇上速調勁旅進剿殲厥渠魁以伸

國威而孚民志再聞賊於未破歸德之先有由劉家口渡黃者迨被省中礮轟之後有從鄭滎汜一帶渡黃者賊情詭譎不可測度直隸山東尤宜嚴防合並陳明伏乞

聖鑒謹

奏

另有旨

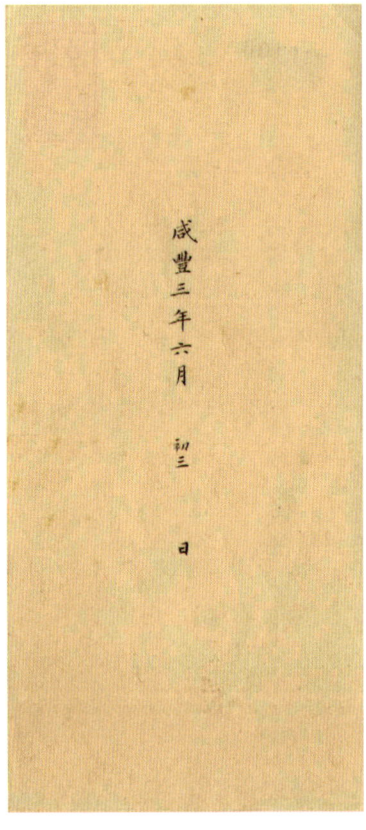
咸豐三年六月初三日

再查懷慶一府處處接壤山西逼近行山現在賊匪渡黃已入該府境內誠恐竄入行山則山勢險峻有處藏匿更難撲滅可否

飭令山西撫臣速調精兵嚴守澤州府屬行山各隘口防其西擾並相機進勦又陝西精兵若半由陝州一路進勦鞏縣一帶賊匪以絕其續行偷渡半由潼關渡黃經山西進勦河北一帶賊匪以防其肆行蔓延防勦較為周妥進兵亦易迅速臣愚昧之見是否有當伏乞

皇上聖鑒謹附片具

奏

所見是俱已有旨了

九九七

奏

河東河道總督奴才長臻跪

奏爲賊匪盤踞懷慶府城尚未解圍黃河險工督

辦已漸穩定即行帶兵馳往跟蹤協勦以免蔓

延恭摺具陳仰祈

聖鑒事竊奴才昨將懷慶府城危急商辦催兵堵勦情

形會同

欽差臣王履謙具

奏後因思該匪盤踞懷境不但府城設有疎虞所

關匪細且恐日久蔓延即一面再行飛催領兵

各大臣星速前進一面將下北廳塌埽潰隄險

工晝夜督飭搶辦已漸穩定此外各廳雖鑲修

未停尚無出險之處奴才現在催集河標弁兵及

壯勇即日啟程西上適准山東撫臣李僡咨會
拔營統兵前往當會同探明賊蹤跟追協勦以
期小醜指日蕩平上紓
宵旰直隸藩司張集馨帶兵駐劄蘭陽廟工上下策
應頗為得力日來沿隄仍有拏獲潛逃脅從之
人及窺探賊匪均交該藩司審明分别辦理實
有確據真賊即立時正法不留餘孽並飭地方
河工文武員弁認真巡查盤拏不准一刻鬆懈
復知會
欽差臣王履謙不時親赴各渡口往來稽察以免守
渡委員怠惰而昭慎重至庚伏甫交來源正旺
長水之大小工程之平險早晚不定懷郡距下
游北岸曹單南岸商虞等廳計隄程均有幾及
千里拏已飭令各該廳如有險工飛速馳禀以
便將兵勇交撫臣統帶即折回督辦以期軍務
河工兩無貽悞再據黄沁廳呈報武陟沁河於
六月初四日申酉二時初五日卯巳二時四次
共長水一丈下注猛驟各廳長水二三尺餘寸

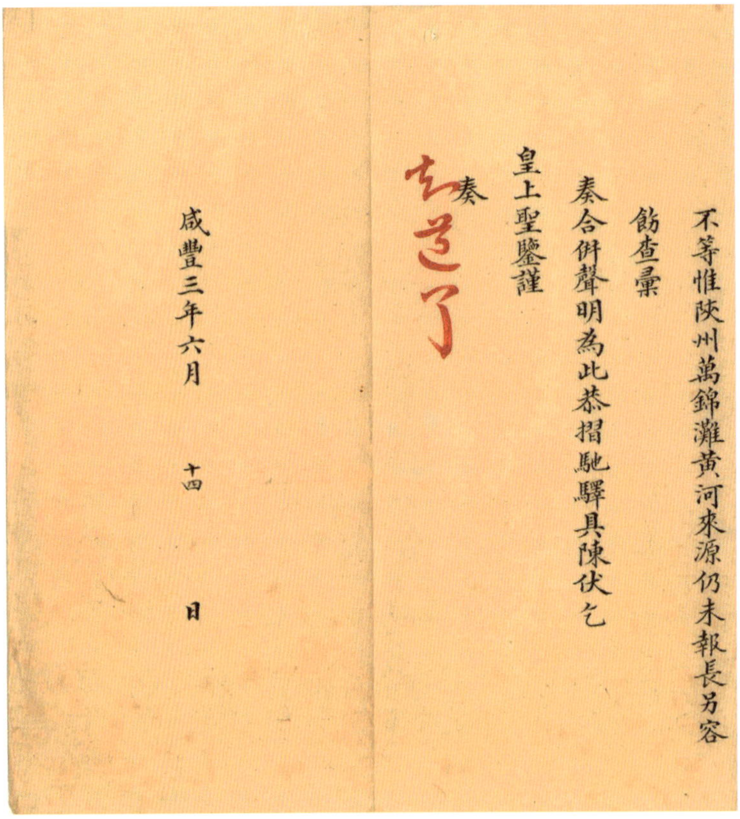

不等惟陝州萬錦灘黃河來源仍未報長另容

飭查彙

奏合併聲明為此恭摺馳驛具陳伏乞

皇上聖鑒謹

奏

知道了

咸豐三年六月　十四　日

九九八

河南學政臣張之萬跪

奏為賊匪由鞏縣偷渡黃河據實直陳仰乞

聖鑒事竊臣自五月十九日拜摺後辦理陝州考試未得賊匪確情茲於六月初二日接准署河南府知府李瀍洛陽縣知縣舒亨熙偃師縣知縣張晉協同稟稱探得賊匪約有萬餘長髮者不過數百人餘皆緣途裹脅自五月初七日陷歸德後由睢州杞縣十二日直逼汴省是晚雷雨風雹大作將賊營火藥打壞十三日早圍城賊鎗砲無多又無火藥城內兵止千名惟民壯李金貴等最為得力招集鄉勇回民六千餘名由城上縋下五六十名與賊接仗殺賊百餘人賊

不敢前進壯勇未傷一人當即上城開砲轟斃賊匪一千餘人賊大潰竄至宋仙鎮扎營賊因無糧潛入中牟鄭州一帶大肆搶掠十七日至滎陽十八日至汜水此地雖有險要可守無如兵餉全無以致二十日由虎牢竄入鞏縣文武迸散即時失守該處民多強悍賊因搶而被殺者亦復不少且因山路崎嶇其被脅之人多有伏匿山溝而迸者其黑石關一帶經偃師縣嚴守以是賊勢頗孤其時洛陽縣暨偃師縣聲稱西兵數萬指日可到賊聞風而懼遂於二十三日在鞏縣搴搶黃河船北渡近聞溫縣武陟修武一帶紛紛告急其由安徽追賊之兵或駐歸德或到汴省均不能救應河北撫臣陸應穀仍駐許州亦不能為河北聲援現時洛陽鄉團萬餘似可斷其西竄之路惟河北空虛深為可慮合無仰乞

皇上速調勁旅進剿殲厥渠魁以伸

國威而孚民志再聞賊于未破歸德之先有由劉家口渡黃者迨被省中砲轟之後有從鄭滎汜一帶渡黃者賊情詭譎不可測度直隸山東尤宜嚴防合並陳明伏乞

聖鑒謹

奏

咸豐三年六月十六日奉

九九九

奏

河東河道總督奴才長臻跪

奏為豫東黃河伏汛安瀾並秋前水勢盛漲兩岸

險工搶鑲抛護平穩恭摺仰祈

聖鑒事竊照堵勦懷慶府賊匪並稽防渡口各情形

節經會

奏在案兼旬以來據陝州呈報萬錦灘黃河於六月十八二十五等日兩次共長水一丈一尺五寸黃沁廳呈報武陟沁河於六月初十十五十六等日三次共長水七尺二寸接續下注加以大雨頻仍伊洛瀍澗之水匯流入黃浩瀚汪洋勢甚湍激各廳誌樁有四時之間驟長水五六尺三日之內積長水八九尺之處兩岸埽壩紛

紛蟄塌並有潰卸隄頂三四丈者危險異常幾
至搶辦不遑幸先經劄調河北道蔣啟敭出省
駐劄蘭陽廟工上下兼應南岸工程責成署開
歸道張昀往來督辦道庫空虛錢糧不能應手
多方設法挪借並向各錢鋪通融始克搶鑲抛
護無虞漸臻平定現雖水勢見消而水長下卸
水落上提趨刷搜淘各埽正須盤壓察看大溜
暢達東行伏汛已過順軌安瀾淘堪仰慰
聖懷所有先經鑲壓穩實埽段謹繕另片恭呈
御覽餘俟勘核續
奏惟秋汛為日正長來源無定工程平險莫測各
廳料物夫工用多存少亟須籌添查每年伏前
應備防險銀錢應添甎石工料向以司庫例撥
防險找撥不敷二項支發本年司中未曾依時
報撥五月初正在趕辦土工適賊匪由皖入豫
直撲汴梁兩岸震動人夫各自回家遷避頓時
星散當經︀飭令道廳將已領未辦土工銀錢
先劃作防險添料之需並由廳措墊庶入伏前

後搶工得免遲誤隨後司庫欠撥之款發到祇
能作為補辦土工及歸還秋前外借之用是現
須添辦稭麻夫工無項可指不得不將秋汛防
險一款照案
奏請添撥已於另摺具陳Ｘ祇有督飭各道妥慎
經理以期用省得當不任枉費一面通行各委
員於長隄星羅碁布協同廳營周密巡防並疏
消灘水酌鑲防風護禦務保無虞以仰副
聖主慎重河防保衛民生至意所有伏汛安瀾緣由
理合恭摺具
奏伏乞
皇上聖鑒再上兩次黄河陡長飭據陝州補報萬錦
灘於五月二十五日未酉二時共長水七尺六
月初四日酉時長水三尺二寸合併聲明謹
奏

覽奏俱悉情形知道了

咸豐三年七月　初十　日

再查江境豐北大工春間堵合後所有東省南
路運河殘塌土石隄堰牐座水口埽壩因撥款
不易經前河臣附摺
奏明俟本年霜後勘估分年請銀發辦以期漸復
舊規其加河廳屬亟應鑲挑工程均飭歸於搶
修咨案辦理並將嶧滕沛三汛及十字河淤淺
工段
奏准飭辦各在案各工甫經先後報竣批令運河
道驗收如式旋准南河咨會並道廳州縣馳稟
豐工大壩西首土基漫塌溜向北趨灌入微山
昭陽等湖水勢逐日增長又將南路殘缺隄堰
淹没等情查豐北漫溢攸關東境運河全局不
但縴道修復無期船行維艱並恐微山湖日久
淤成平陸難以蓄水濟運焦慮萬分容俟察看
情形如實有應修應辦之事裨益運行者斷不
敢稍涉拘泥苟可從緩者值此軍需緊急善後
費繁亦不敢遽行請
帑惟有隨時相機擇要辦理至此次漫水被災之

處較輕蓋微山湖以下已有歸墟之路往西北
倒漾之水不致過驟且上次灾民未曾復業者
居多等當咨明山東撫臣飭屬確查實在被水
戶口妥為撫卹毋使一夫失所以仰副
聖主惠愛黎元至意為此分晰附片具陳謹
奏

知道了

再入伏前後各廳報鑲之工先經盤壓穩實段落據各該道勘明具稟前來係豫省南岸中河廳中牟下汛九堡托頭壩下首空檔北戧頭埽下段並二三埽又該壩十一二埽及迤上北戧五六七八埽托三壩頭二三埽俱係上兩年緩修底料朽腐水長溜注陸續匯淨照舊補還新埽十二段蘭儀廳蘭陽汛蔡家樓舊隄護隄四埽至八埽又十堡第一道戧壩並下首空檔北戧頭二三四五埽及第二道戧壩並下首空檔北戧頭二三埽內二三兩埽分上下段均係上年停修舊工河水驟長大溜提坐致將各該埽朽底先後塌盡分投補鑲新埽十五段儀睢廳睢州上汛二堡順水二壩下首戧壩至挑壩以上舊埽十四段歷年緩修底料擱朽河水疊長大溜湧激陸續塌淨按段補還北岸衛糧廳封邱汛西圈堰第八段下首起土壩前六埽以下舊有埽工七段係上年停修水長溜過腐底刷盡照段補鑲祥河廳祥符上汛十五堡以上順

隄頭二三埽並七八埽及十二三四埽均係緩
修之工舊底朽腐大溜逼注先後蟄塌按段補
還下北河廳蘭陽汛銅瓦廂下壩迤下順隄舊
有埽工八段十六堡順隄壩埽四段俱係停修
舊工水長溜急逼刷搜淘朽底陸續塌淨分投
按段補鑲曹考廳蘭陽下汛頭堡三道挑壩即
舊挑水壩頭二埽又新挑水壩埽工四段並新
順水壩三四埽係上兩年先後緩修舊底搁朽
河水盛漲溜逼刷淨塌及壩身趕補新埽八段
以上各工經該管署開歸道張昀河北道蔣啟
敭督飭各廳營搶鑲平穩辦理均屬合宜抵禦
汎漲得力其餘卑矮埽段亦俱隨時擇要加鑲
高整理合附片具陳謹
奏
知道了

一〇〇〇

奏

河東河道總督𫝊長臻跪

奏為白露已過謹陳黄河水勢工程並督飭籌防

情形仰祈

聖鑒事竊照節逾處暑黄水續長鑲工平穩緣由𫝊

於七月二十三日具

奏後即據甘肅寧夏府呈報黄河於七月十一日

泛漲水八尺河南陜州呈報萬錦灘於七月十

四日復長水四尺五寸黄沁廳呈報武陟沁河

於七月二十三日長水一尺八寸除寧夏府係

在萬錦灘上游不計外沁黄來源尚不為旺惟

跟接前水下注以致各廳水勢長速消遲且秋

濤迅利淘底搜根凡臨黄險要之處或新埽秫

稭發扁蟄矮加鑲或舊埽匯出刷塌亟應搶補
工作迄未停手間多料物將次用完由道酌數
稟請添辦雖經隨時復核批准而司道庫空空
撥項未到無銀採購勢將束手設有他虞其患
不堪設想弩晝夜焦慮寢食難安因思通工官
弁一絲一粟均沐
豢養之恩當此時艱用繁應各竭盡心力仍飭廳營
及候補人員多方挪措墊購料物夫工鋪户不
願者酌加利息始克應手鑲修搶辦得免貽悮
統俟撥項到道陸續給還弩當再督飭各道勸
諭如有情愿捐輸者設法竭力辦理其續報鑲
辦穩定之工彙繕另片恭呈
御覽此外應修埽段均飭得緩且緩可省即省非實
在匯塌潰隄者不准報鑲惟汛期尚有四旬來
源未能必其不長現仍嚴飭道廳委員分投巡
防相機擇要修守斷不任稍有疎忽弩俟堵築
逃匯事竣道路渡口漸就肅清即當親赴兩岸
周歷勘查以昭慎密而重河防為此恭摺具陳

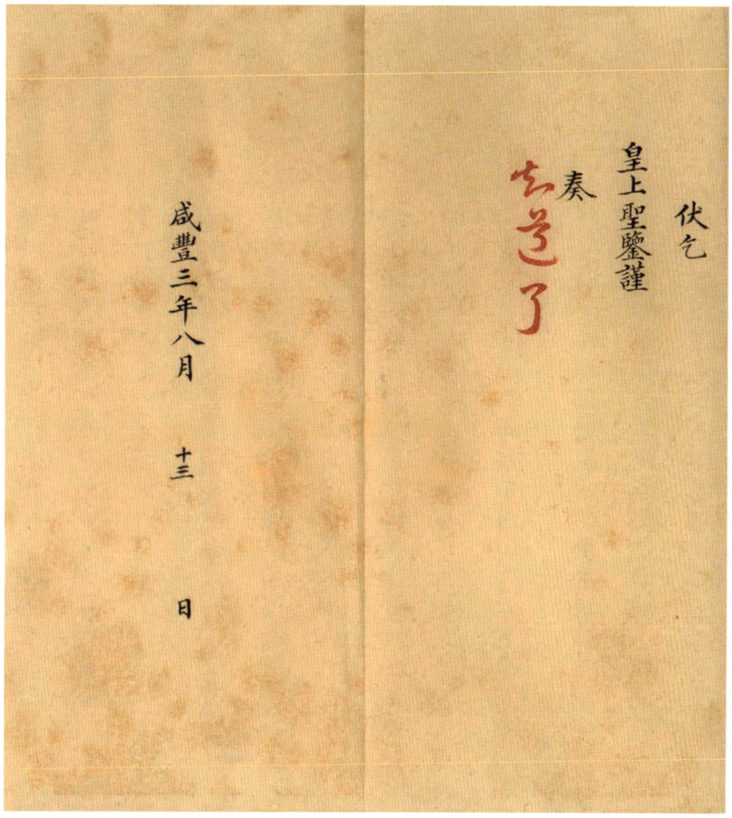

伏乞

皇上聖鑒謹

奏

知道了

咸豐三年八月　十三　日

再各廳續報搶鑲穩定之工據該管開歸河北
兗沂三道勘驗屬實先後具稟前來係豫省南
岸上南河廳鄭州下汛十堡順頭壩舊埽三段
順二壩埽工三段斜頭壩埽工五段俱係上年
緩修水長溜激朽底先後刷塌照段補鑲新埽
十一段中河廳中牟下汛九堡戧二壩三埽四
埽魚鱗壩頭二三埽順頭壩四五六埽均係歷
年停修之工底料朽腐溜注匯盡補還新埽八
段並因戧二壩五埽下首溜勢裹卧刷及壩身
接鑲埽工二段蘭儀廳蘭陽汛十堡挑水頭壩
埽工四段內頭埽三埽分上下段又儀封上汛
三堡挑水壩頭二埽該兩埽均分上下段俱係
緩修舊工水漲溜逼腐底塌淨分投補還新埽
十段儀睢廳睢州上汛二堡戧四壩上角土壩
西面壩根並該土壩下首順河堰前各有舊埽
二段停修兩年底料捫朽大溜搜淘匯塌盡淨
照段補鑲又該汛三堡順水六壩向無埽工溜
勢趨注屢見刷塌情形緊要趕於該壩頭搶鑲

新埽二段睢寧廳睢州下汛六堡挑水二壩頭向有埽工二段又該堡挑水三壩埽工六段俱係上年緩修舊底朽腐溜注匯盡補還新埽八段北岸黃沁廳武陟汛馬工挑水壩尾舊埽空檔埽八段係上年停修舊工水長溜逼朽底塌淨照段補還祥河廳祥符上汛十五堡人字壩上首埽工四段該壩下首挑壩頭二三四埽均係緩修之工河勢圈注舊埽著溜即塌分投補鑲下北河廳蘭陽汛十四堡埽靠停修舊埽十段並十七堡斜頭壩上首順隄舊埽四段底料腐朽溜勢趨刷先後匯塌按段補還東省曹考廳曹上汛十九堡順隄下首並二十堡順隄上首舊有防風埽工三段年久未修朽底汕刷無存汛漲上灘撞擊堪虞照舊補鑲計長四百六十九丈四尺以上各工等復加碓核辦理俱屬合宜抵禦亦甚得力其餘卑矮埽段並經擇要加鑲高整理合附片陳明謹

奏

知道了

後記

我是從數學史學習中逐步瞭解治黄史的。漢代《許商算術》的作者許商，好天文術數之事的王景、李尋善，他們既是數學家，又以治理黄河而聞名。我國現存最早的河工著作《河防通議》，將中國古典數學天元術運用到治黄工程中，創造了中國古代工程數學的一個高峰。除了數學史之外，内蒙古師範大學科學技術史研究還以少數民族科技史和地方科技史見長。李迪先生曾指出地方科技史研究的重要内容是人與自然環境變遷、科技遺迹與自然環境以及環境與生産的關係，此類研究具有明顯的現實意義和重要價值。想要通過大科學史研究，弄清變遷的原因和未來的發展趨勢，産出對于地方各方面的開發有更大、更直接價值的成果，這類研究大多離不開文獻。之後，李迪先生更是直接指出科技史研究不僅是對過去的科技工作和科技成果的回顧與總結，而且要着眼于現代，讓古人的發明創造爲今人服務，繼續在現代發揮其應有的作用。我將先生大科學史的治學理念視爲座右銘，在科研工作中更加注重讓科研成果服務于國家戰略與區域發展需求。

二〇一九年九月，習近平總書記在黄河流域生態保護和高質量發展座談會上指出，黄河流域在我國經濟社會發展和生態安全方面具有十分重要的地位。黄河流域生態保護和高質量發展是重大國家戰略。同年十月，黨的十九届四中全會提出『加强邊疆治理，推進興邊富民』，首次把邊疆治理寫入黨的文件。内蒙古師範大學組織科研力量，積極申報研究闡釋黨的十九屆四中全會精神的國家社科基金重大項目，其中『中國特色社會主義民族區域自治制度自信研究』項目獲批。我承擔其中的『鑄牢中華民族共同體意識下的民族自治地方文化自信研究』子課題，而黄河是首選文化要素。二〇二四年，該項目順利結項，我也對黄河文化所藴含的時代價值有了更深的體會。

有鑒于此，我帶領文化遺産智能應用服務中華民族共同體建設『英才興蒙』團隊，以黄河爲主題，開展了文獻、文物、傳統工藝等多模態資源庫建設和跨模態應用示範工作。這次與内蒙古人民出版社合作出版的《黄河國家治理文獻集成》，旨在梳理和總結文獻中所藴含的歷史經驗和文化信息，爲當代及未來的黄河治理和地方文旅産業發展提供參考與借鑒。

感謝内蒙古民族文化産業研究院、巴彦淖爾市圖書館等单位的傾力相助，感謝内蒙古自治區黨委宣傳部、内蒙古出版集團、内蒙古人民出版社對本項目的支持與幫助。

在此，也向致力于黄河治理和大河安瀾的歷代先賢與當代典範表達崇高的敬意：你們的不懈努力與無私奉獻，爲黄河的安寧與人民的福祉築起了堅實的防綫；你們的智慧與勇氣，將永遠銘刻在中華民族的歷史豐碑上，激勵後人不斷前行。

董杰

二〇二五年一月

北疆文化